# 飞机驾驶舱显示界面脑力负荷实验测量与数学建模

卫宗敏　著

科 学 出 版 社

北 京

# 内 容 简 介

本书以驾驶舱显示界面为研究对象,全方位阐述飞机驾驶舱显示界面脑力负荷实验测量与数学建模方法,主要内容包括脑电指标与脑力负荷、心电指标与脑力负荷、基于多生理指标的脑力负荷判别预测模型、多界面多飞行任务脑力负荷判别预测模型等内容。

本书适合航空宇航科学与技术、人机交互、电子信息、适航审定、应用心理学等相关领域的科技人员参考使用,也可供高校相关专业的研究生学习。

图书在版编目(CIP)数据

飞机驾驶舱显示界面脑力负荷实验测量与数学建模/卫宗敏著. —北京:科学出版社,2023.2
ISBN 978-7-03-074926-0

Ⅰ. ①飞… Ⅱ. ①卫… Ⅲ. ①民用飞机–座舱–显示器–人机界面–工效学–最优设计–研究 Ⅳ. ①V223

中国国家版本馆 CIP 数据核字(2023)第 031681 号

责任编辑:魏英杰 / 责任校对:崔向琳
责任印制:吴兆东 / 封面设计:陈 敬

科 学 出 版 社 出版
北京东黄城根北街16号
邮政编码:100717
http://www.sciencep.com

北京中石油彩色印刷有限责任公司 印刷
科学出版社发行 各地新华书店经销
*

2023 年 2 月第 一 版 开本:720×1000 B5
2023 年 2 月第一次印刷 印张:7
字数:140 000
定价:85.00 元
(如有印装质量问题,我社负责调换)

# 前　言

随着电子信息技术的迅猛发展，越来越多的智能化、信息化等自动化技术被用于飞机驾驶舱设计。自动化技术的引进极大地改变了飞机驾驶舱人机界面设计和飞行操纵方式。高度自动化的飞机驾驶舱系统使飞行员可通过飞行自动化系统监控整个飞机的飞行操纵状态。从飞机操纵角度而言，高度自动化的飞机驾驶舱系统研究可以有效地减轻飞行员的体力工作负荷，促进航空安全水平的提升。然而，操纵的多样性和仪表显示系统界面信息的高度密集特性，也对飞行员的认知加工能力提出新的要求。尤其是，系统要求的认知加工能力越过某一限度后，过多的信息加工任务引发的脑力负荷反而会影响飞行员对飞机的操纵。

近年来，航空领域的相关工作人员意识到，要解决飞行员脑力负荷问题，不仅要加强对飞行员的培训和飞行特情的训练，更应该在飞机驾驶舱人机交互的设计阶段就考虑脑力任务设计问题。目前有不少工程心理学、认知神经科学领域的学者研究与飞行任务相关的脑力负荷问题。但是，这些研究绝大多数都着眼于探讨不同类型飞行任务下不同评价指标与脑力负荷之间的关系，较少关注飞机驾驶舱显示界面的脑力负荷测评指标和判别预测模型的构建。

在国家重点基础研究发展计划"民机驾驶舱人机工效综合仿真理论与方法研究"等项目的支持下，本书作者开展了系列实验，研究了对飞机驾驶舱显示界面脑力负荷敏感的各类指标，建立了能够有效表征脑力负荷等级变化的各类数学模型。

本书建立的数学模型可以为新一代战斗机和大型客机驾驶舱显示界面中的人为因素适航审定人员提供新的、量化的适航符合性验证方法，进而提高审定的效率和针对性。

飞机驾驶舱自动化水平的提高，使人机显示界面设计问题层出不穷。本书提出的生理指标和数学模型有助于人们预测未来高度自动化的驾驶舱内飞行机组如何获取加工信息并做出何种反应，也有助于在适航审定工作中预期人为因素问题的审定，引导新技术的合理应用。

限于作者水平，书中难免存在不妥之处，恳请读者批评指正。

作　者

# 目　录

# 第1章 绪　　论

## 1.1　研究背景

随着电子信息技术的迅猛发展，越来越多的智能化、信息化等自动化技术被应用于飞机驾驶舱设计之中，极大地改变了传统的飞机驾驶舱人机界面设计和飞行操纵方式。高度自动化的飞机驾驶舱系统不但为飞行员提供了多种不同(包括手动、半自动和全自动)的飞行操纵自动化控制水平，而且提供了由俯仰、横滚和自动油门三种维度组成的百余种飞行控制方式，使飞行员可通过飞行自动化系统监控整个飞机的飞行操纵状态[1]。与此同时，操纵的多样性和仪表显示系统界面信息的高度密集，也对飞行员的认知加工能力提出了新的要求。

据粗略统计，仅起飞阶段的前后10s之内，波音747飞机的飞行员就需要收集30多个飞行信息[2]。国外相关标准规定，飞行员对于显示界面异常信息的处理正确率应高于95%，且反应时间应小于1s[3]。可见，飞行员的脑力工作负荷面临着极高的挑战。当遇到飞行特情时，飞行员面临的信息加工要求日趋严格，往往需要在短时间内处理大量信息并快速作出反应决策，因此容易出现脑力负荷较高，甚至超载的情况，严重影响飞行员的工作效率、飞行操作的可靠性，以及飞行员自身的心理健康[4,5]。例如，某航空事故调查报告指出，60%～90%的航空飞行事故及事故征候发生在飞行员脑力负荷强度大、应激水平高的飞行任务中[6,7]。另一份针对中国民航事故原因进行分析统计的研究结果也表明，约20%的飞行事故与脑力负荷密切相关[8,9]。

近年来，航空领域相关人员已经意识到，要解决飞行员脑力负荷问题，不仅要加强对飞行员的培训和飞行特情训练，更应该在飞机驾驶舱人机交互的设计阶段就考虑脑力任务设计问题。很多工程心理学、认知神经科学领域的学者研究与飞行任务相关的脑力负荷问题，探讨不同类型飞行任务下的不同评价指标与脑力负荷之间的关系，但是飞机驾驶舱显示界面的脑力负荷测评指标和判别预测模型构建方面的研究仍然较少。在人们获取的信息中，80%的内容是通过视觉通道获取的[10]，因此在飞机驾驶舱显示界面设计的早期阶段，飞机设计人员需要采取相应的评估指标和评估模型来判别、预测显示界面不同设计方案下飞行员的脑力负荷水平，以便及时调整显示界面脑力任务设计，进而优化驾驶舱显示界面的设计方案。在实际飞行任务(特别是高机动性军事飞行任务)中，地面指挥系统需要实时通过脑力负荷判别预测模型对飞行员脑力负荷状态进行实时监控、分析及预测，从而对预期可能出现的飞行员脑力负荷超载情况提出实时、有效的解决方案，降低航空事故或事故征候的发生概率。因此，当脑力负荷变化时，哪些测评指标会发生变化，这些变化又会如何影响飞行员的作业绩效，对更好地理解飞行脑力负荷和解决方案非常重要。如何评价飞行员的脑力负荷，优化界面设计，使飞行员的脑力负荷处于最适合水平是具有重要现实意义的研究课题。为提高研究结果的实际效用和应用价值，需要在飞行模拟环境中开展综合因素下的飞行员脑力负荷评价方法研究。

## 1.2　研究目的与意义

通过对国内外相关文献资料的查阅，以及在飞机驾驶舱显示界面设计水平评价方面的具体实践，研究者发现目前在飞行机组-驾驶舱人机交互显示界面领域缺少全面的、具有针对性的方法来理解、分析、分类和讨论飞机驾驶舱显示界面设计中的脑力负荷问题。本书首先探讨飞机驾驶舱显示界面脑力负荷测量和评价的主要方法，然后研究对飞机驾驶舱显示界面脑力负荷敏感的各类指标，建立能够有效表征脑力负荷等级变化的数学模型。

本书具有以下几个方面的重要意义。

(1) 实验1(本书第4章实验)的研究结果可以为脑力负荷测量提供全新的生理指标，即事件相关电位(event related potential，ERP)技术中的失匹配负波(mismatch negativity，MMN)指标和P3a指标，有助于扩展脑力负荷测量方法的研究范畴，帮助飞机驾驶舱显示界面设计人员从认知神经科学的角度来理解、分析、分类并讨论飞行员的脑力负荷问题。

(2) 实验2(本书第5章实验)建立的数学模型可以为飞机驾驶舱显示界面设计人员提供一种操作性较强的方法，能够有效预测显示界面系统施加于作业人员的脑力负荷，帮助设计人员从飞机驾驶舱显示界面设计的早期阶段对系统设计方案作出选择，从而有效提高设计效率、节约设计成本。通过提高民机驾驶舱人因设计水平，考验减小由驾驶舱设计问题诱发的飞行机组事故/事故征候发生的概率，提高飞机飞行的安全性。

(3) 基于实验3(本书第6章实验)建立的飞机驾驶舱显示界面脑力负荷判别预测生理数学模型可对实际飞行任务中飞行员的脑力负荷状况进行实时分析、判别、预测，为飞机驾驶舱人机功能分配的动态设计提供量化方法和科学依据。

(4) 基于实验4(本书第7章实验)建立的数学模型有助于指导设计人员，使其在综合复杂显示界面的设计阶段进行脑力负荷评价，并选择相应的显示界面设计方案。这有助于帮助战斗机设计人员和民航客机设计人员优化显示界面脑力任务设计、节约成本、保障航空安全。

(5) 随着电子科技的迅速发展，飞机驾驶舱自动化水平不断提高，越来越多的人机界面问题层出不穷。对这些问题开展研究有助于预测未来高度自动化的驾驶舱内飞行机组如何获取加工信息并做出何种反应，审定适航审定工作中预期人为因素问题，引导新技术的合理应用。

(6) 基于研究建立的各类数学模型和基础数据，可为飞机驾驶舱显示界面人为因素适航审定人员提供量化的适航符合性验证方法和数据支撑，以提高审定的效率和针对性，促进人为因素适航审定工作的顺利开展。

## 1.3　本书的研究方法

本书开展的研究包括以下三个阶段。

第一阶段，首先搜集并整理航空工效学、飞机驾驶舱人机界面设计与评价技术、脑力负荷科学、认知神经科学、工程心理学、多指标数学建模方法等领域的相关文献资料，主要包括对飞行脑力负荷主观测评方法的研究[11-20]、飞行脑力负荷作业绩效测评方法的研究[21-26]、飞行脑力负荷生理测评方法的研究[27-41]、飞行脑力负荷多维综合评价方法的研究[42-53]等。然后，界定研究方向和目标。最后，探讨脑力负荷的生理测评指标和综合评价方法，归纳并总结可能用于飞机驾驶舱显示界面脑力负荷测量和评价的生理指标，以及多指标建模的数学方法。

第二阶段，首先提出4个假设，然后提出相应的实验解决方案，最后介绍实验设计和数学建模中用到的技术，即 ERP 技术、E-Prime 软件、Fisher 和 Bayes 判别分析方法。

第三阶段，基于地面飞行模拟器搭建各类实验平台，开展脑力负荷测量实验与数学建模研究，检验第二阶段提出的4个假设。在实验1中，搭建脑电设备测量脑力负荷的实验平台，通过开展 ERP 实验，探讨脑电指标对飞机驾驶舱显示界面脑力负荷变化的敏感性。在实验 2 中，搭建心电设备测量脑力负荷的实验平台，通过开展心电图(electrocardiogram，ECG)实验，探讨各类心电指标对飞机驾驶舱显示界面脑力负荷变化的敏感性，并综合绩效测量、主观评价和心电测量这三类评估指标，构建飞机驾驶舱显示界面脑力负荷等级判别预测综合模型。在实验 3 中，搭建多生理指标测量脑力负荷的实验平台，通过综合采用 ERP、眼电图(electrooculogram，EOG)、ECG 三类生理指标开展脑力负荷测量实验，并基于不同的生理指标组合采用数学建模方法，建立飞机驾驶舱显示界面脑力负荷判别预测生理模型，将该模型与主观评价方法，即美国国家航空航天局任务负荷指数(National Aeronautics and Space Administration_ task load index，NASA_TLX)的判别结果进行比较。在实验 4 中，搭建多生理指标测量多显示界面多飞行任务(平视显示器的主飞行信息监控、下视显示器的飞行计算、雷达探测任务)的脑力负荷实验平台，通过综合采用 ERP、EOG、ECG，结合主观评价方法、飞行作业绩效评价等方法开展多显示界面、多飞行任务条件下的脑力负荷实验测量与理论建模研究。

## 1.4　本书的结构

全书共 8 章。第 1 章绪论。第 2 章脑力负荷测评方法，针对模拟飞行实验任务和真实飞行情况下飞行员的脑力负荷测量和评价方法进行资料的搜集、归纳，以及整理，并在对相关文献资料分析和探讨的基础上，提出本书的初步研究思路。第 3 章研究假设与技术路线，在相关文献资料分析和探讨的基础上，提出本书的研究假设、实验解决方案，以及技术路线。第 4 章脑电指标与脑力负荷，采用实验研究的方法，探索 ERP 中的 MMN、P3a 两个指标对飞行任务相关脑力负荷的敏感性。第 5 章心电指标与脑力负荷及其建模，综合采用实验研究与理论建模的方法，研究 ECG 心率(heart rate，HR)和心率变异性(heart rate variability，HRV)的 6 个时域指标对飞行任务相关脑力负荷的敏感性，并基于主观评价、飞行作业绩效，以及 HRV 的时域指标 R-R 间期的标准差(standard deviation normal to normal，SDNN)建立飞机驾驶舱显示界面脑力负荷判别预测综合模型。第 6 章基于多生理指标的脑力负荷判别预测模型，综合采用多种生理指标开展脑力负荷的实验测量与数学建模，基于多种生理指标，建立实时、客观的飞机驾驶舱显示界面脑力负荷判别预测生理模型。第 7 章多显示界面多飞行任务脑力负荷判别预测模型，综合采用多种生理指标，在多显示界面多飞行任务状态下，开展复杂飞行任务中的脑力负荷实验测量与数学建模研究，建立多显示界面多飞行任务脑力负荷判别预测模型。第 8 章总结和展望，总结本书的研究结果、主要创新点及其应用意义，特别关注在飞机驾驶舱显示界面脑力任务设计方面的应用，并讨论未来可能的研究方向。

# 第 2 章　脑力负荷测评方法

飞机驾驶舱显示界面脑力负荷实验测量和数学建模研究以飞机驾驶舱显示界面脑力负荷测量指标为基础展开。中国民用航空规章第 25 部中第 1523 条款适航审定也需要具体飞行机组工作负荷的适航符合性验证方法[54-56]。本章主要讨论国内外现有飞行脑力负荷的测量指标和评价方法，为后续的脑力负荷测评、数学建模奠定理论基础和依据。

## 2.1　脑力负荷及其影响分析

### 2.1.1　脑力负荷的相关定义

由于脑力负荷的多维特性，目前学术界尚无明确的定义。在现有的研究中，国内外相关研究人员对脑力负荷的定义主要有以下几种。

Rouse 等[57]从任务和个体两方面出发，认为脑力负荷、任务和执行任务的个体均相关。在同一任务中，不同的作业人员感受的脑力负荷仍可能不同。作业人员自身的情绪、动机、策略，以及个人能力都可能影响脑力负荷。

O'Donnell 等[58]从信息处理能力的角度出发，将脑力负荷定义为：作业人员在执行某项任务时对所用信息处理能力的大小，可以通过测量其信息处理能力直接度量脑力负荷。

Young 等[59]从注意资源的角度出发，将脑力负荷定义为：在作业过程中，作业人员为达到某一绩效水平而付出的注意资源，与作业任务的需求、作业环境，以及作业人员的经历等密切相关。

廖建桥等[60]在 O'Donnell 等对脑力负荷定义的基础上，从两个方面对脑力负荷进行了定义，即时间占有率、信息处理强度。时间占有率指在完成某项任务的过程中，作业人员的最低工作时间。时间占有率越低，脑力负荷越低；反之，脑力负荷越高。信息处理强度指在单位时间内需要处理的信息量或者处理信息的复杂程度。信息处理强度越高，脑力负荷越高；反之，脑力负荷越低[9, 60, 61]。

### 2.1.2  脑力负荷、作业难度与作业绩效

Williges 等[62]提出一种测量脑力负荷的方法，即通过改变作业的难度实现对脑力负荷水平的调控，测量并比较不同任务下被试的各类作业绩效指标，从而判断其脑力负荷。这一方法可以有效地推进脑力负荷的研究，并在多数研究中被证实是可用的。此后，部分研究人员[9, 61, 63]逐渐发现作业的难度、作业人员的脑力负荷与绩效水平之间的关系在不同种状态下，可能呈现不同的状态。de Waard[63]提出可以用一个类似于倒 U 的模型来描述脑力负荷、作业难度、作业绩效的关系，如图 2.1 所示。

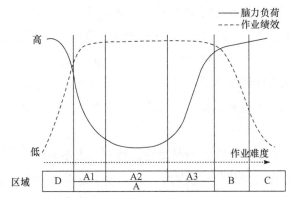

图 2.1  描述脑力负荷、作业难度、作业绩效的倒 U 模型

在 D 区域，随着作业难度的增加，脑力负荷从高水平的超低唤起状态逐渐被激活并缓慢下降，绩效水平迅速上升。在 A1 区域，随着作业难度的增加，脑力负荷迅速下降，绩效水平逐步上升，并达到最佳状态。在 A2 区域，随着任务难度的增加，脑力负荷维持在最低水平，绩效维持在最佳状态。在 A3 区域，随着作业难度的增加，脑力负荷迅速上升，绩效水平缓慢降低。在 B 区域，随着作业难度的增加，脑力负荷逐渐增高，绩效水平迅速下降。在 C 区域，随着作业难度的增加，脑力负荷进入超高状态，绩效也达到超低水平。

从对 4 个区域的具体分析来看，脑力负荷超高或超低都不利于作业的完成，只有让脑力负荷保持在一个合适的水平，作业人员才能达到最佳绩效水平。

### 2.1.3  解决脑力负荷问题的方法

通常，解决飞行脑力负荷的方法主要包括两方面，一是加强对飞行员进行飞

行特情的培训，二是改善驾驶舱人机交互显示界面设计。国外相关研究人员发现，基于设计、研制和使用阶段纠正人为失误的费用为1∶10∶100[64,65]。由于它们成指数增长，因此本书重点关注从飞机驾驶舱显示界面设计角度解决飞行员脑力负荷的问题。现代运输类飞机驾驶舱人为因素适航审定也需要量化的适航符合性验证方法和数据支撑，因此本书重点关注显示界面异常姿态任务不同而诱发的飞行员脑力负荷变化情况。无论是从哪个角度去解决脑力负荷问题，首先都要知道哪些指标的变化能够有效地测量飞行脑力负荷。

### 2.1.4 脑力负荷测量方法评价

关于如何评价脑力负荷测量方法，学术界至今还没有一个明确的说明。Cain[66]认为，可以从以下几个方面评价一种脑力负荷评估方法的适用性。

(1) 测量方法应在不同难度的任务之间呈现显著的差异性。

(2) 测量方法应能够有效诊断引起脑力负荷变化的原因。

(3) 测量方法对主任务的执行无侵入性，其使用过程不会造成作业者脑力负荷的增加。

(4) 测量方法应能够令作业人员接受，执行起来不困难。

(5) 测量方法应采取尽可能少的设备，以免其影响作业者的表现。

(6) 测量方法应能够及时、充分地捕捉瞬时脑力负荷的变化。

(7) 测量方法应是可靠的，可以通过重复使用来验证。

(8) 测量方法不应被其他非脑力负荷，如体力负荷、情绪压力等因素影响[67]。

## 2.2 脑力负荷测评方法

脑力负荷的测评方法主要包括主观测评方法、作业绩效测评方法、生理测评方法，以及综合测评方法[68-72]。

### 2.2.1 主观测评方法

飞行员脑力负荷的主观测评方法是让飞行员描述飞行过程中的脑力负荷状态，或者根据自我感受对其执行的飞行任务进行分类排序及量化评估等[73, 74]。该方法的理论基础是在作业过程中，作业人员脑力资源的使用与其努力程度密切相关。这一情况可以被作业人员主观表达出来[73]。

在众多的主观测评方法中，最具代表性的三个等级量表有 NASA_TLX 量表、主观负荷评价技术(subjective workload assessment technique，SWAT)量表，以及修正的库柏哈柏(modified Cooper-Harper，MCH)量表。

### 1. NASA_TLX 量表

NASA_TLX 量表由 Hart 等开发，是一种由 6 个维度组成的多维综合评估量表。被试首先根据自己对飞行任务脑力负荷程度的主观感受对每个维度打分；然后对 6 个维度进行两两比较，并选出每对中对总脑力负荷贡献更大的那一个维度，根据每个维度被选中的次数对 6 个维度进行排序，确定该维度对总脑力负荷的权重；最后对 6 个维度加权平均，求出总脑力负荷的分值。分值越大表示脑力负荷越大。该量表广泛应用于飞行研究等相关领域[75, 76]。鉴于 NASA_TLX 量表的广泛应用，Cao 等[77]开发了一套该量表的数据收集及后续计算软件，不但可以提高该量表的使用效率，而且可以进一步扩大该量表的使用范围。

### 2. SWAT 量表

SWAT 量表是 Reid 等开发的一种多维综合评估量表，由时间负荷、脑力努力负荷，以及心理压力负荷组成。每个因素又分为高、中、低三个水平，它们合并构成一个脑力负荷测量指标[74]。

### 3. MCH 量表

MCH 量表是库柏哈柏(Cooper-Harper，CH)量表的改进[78]。CH 量表是测评飞行操作中飞行员工作负荷的量表。该量表将飞行操作水平分为 10 级，每一级都有相应的定义。飞行任务完成后，飞行员根据主观感受，依据每一级的定义完成该量表，进而评价其工作负荷。后来，Wierwille 等[79]对 CH 量表进行了量化修改，将飞行操作水平的 10 个等级分别确定为数值 1～10。为了更精确地测定不同等级下的脑力(认知)负荷水平，MCH 量表明确要求飞行员仅对飞行操作中的脑力负荷进行评估打分，而不考虑其体力操作特性。

### 4. 主观测评方法的优缺点

主观测评方法主要包括以下优点。

(1) 主观测评方法可以对脑力负荷直接进行评定，几乎不需要任何仪器设备，因此使用方便，操作简单，同时数据易于统计分析。

(2) 主观测评方法通常在作业人员完成任务后进行，因此不会对其执行的任务产生干扰，避免对主任务的侵入性。O'Donnell 等[58]的研究表明，在多数操作任务中，作业人员在 30min 内的主观评价结果，能够真实、有效地反映其脑力负荷水平。

(3) 主观测评方法是作业人员的直接报告，反映大量有效的脑力负荷信息，对于不同脑力负荷水平的变化非常敏感，能有效地区分各类不同(包括低负荷、中负荷、高负荷、超高负荷)脑力负荷的水平。

主观测评方法主要有以下缺点。

(1) 主观测评方法的个体差异较大。作业人员对脑力负荷的主观测评与其自身的各类因素密切相关，如性格、动作策略、生理心理状态、情绪等。即使是同一个人做同一件事情，在不同的时间，也可能给出不同的主观测评结果。

(2) 主观测评方法对于需要大量记忆、计算的任务，测评结果往往会出现较大的偏差。

(3) 主观测评方法的敏感性存在一定的特异性。

### 2.2.2　生理测评方法

飞行员脑力负荷的生理测评方法是指，通过测量飞行员在飞行作业过程中相关生理指标的变化程度推断其脑力负荷水平。该方法的理论基础是，在进行信息处理(脑力负荷变化)时，人的中枢神经系统会活动，而中枢神经系统活动时，与之相关的生理量指标也会有所变化。因此，可以通过测量生理指标的变化测评脑力负荷[80]。生理测评方法使用的指标按照其涉及的生理器官功能可以分为三大类，即与心脏活动相关的生理指标、与眼睛活动相关的生理指标、与大脑活动相关的生理指标[80]。

#### 1. 与心脏活动相关的生理指标

在飞行相关的研究领域中，常用的与心脏活动相关的生理测量指标包括平均心率(mean heart rate)和 HRV 的部分指标(主要包括 HF、LF、HFnorm、LFnorm、LF/HF 等频域指标，以及 SDNN、NN50、rMSSD 等时域指标)等。例如，Veltman 等[81]对比研究了模拟飞行实验任务和真实飞行情况下飞行员的生理反应指标变化情况。结果发现，在两种情况下，随着脑力负荷的增加，飞行员的 HR 增加而 HRV 降低。Lindholm 等[82]对飞行员的绩效与 HR 进行了研究，发现飞行员绩效水平上升时其 HR 下降。李鸣皋等[83]采用 HR 和 HRV 研究了不同飞行训练科目下飞行员的脑力负荷情况。

2. 与眼睛活动相关的生理指标

在人们获取的信息中，80%的内容是通过视觉通道获取的[10]。这意味着，通过分析任务执行过程中操作者眼动的变化，可能指示其所需信息量的大小，即脑力负荷的大小。就眼动相关生理指标与飞行员脑力负荷的关系，相关研究人员开展了大量的研究。在飞行任务相关的研究领域，眼动测评方法大多通过在真实飞行实验、飞行训练或模拟飞行实验中使用眼动测量设备记录飞行员的各项眼动指标。与飞行员脑力负荷密切相关的眼动指标主要包括眨眼间隔、眨眼次数、注视点数目、注视时间百分比、瞳孔直径、眼跳幅度、眼跳平均速度等。例如，柳忠起等[84-86]采用头盔式眼动测量系统，在地面飞行模拟器(退役的战斗机)上研究注视、瞳孔直径等眼动指标与飞行员脑力负荷的关系。Veltman 等[81]基于飞行模拟器研究不同难度的飞行任务下，眨眼时间、眨眼间隔与飞行员脑力负荷的关系。Wilson[29]在真实飞行中，采用 10 名飞行员在目视飞行仪表飞行状态下，发现在视觉要求更高(脑力负荷更大)的飞行条件下，飞行员眨眼率下降。di Nocera 等[87]就不同飞行阶段(起飞、爬升、巡航、下降、着陆)的飞行任务中，飞行员注视点分布策略进行了研究，发现注视点分布能够区分不同飞行阶段飞行任务。Farmer 等[88]推荐使用眼动测量方法中的眨眼率测评脑力负荷变化水平。董明清等[89]就 11 种不同难度的飞行任务，比较了 25 种可能用于评定脑力负荷的指标，发现眨眼率对于脑力负荷更为敏感。

3. 与大脑活动相关的生理指标

神经成像技术可以测量大脑如何工作，为人们提供更加直接地评估脑力负荷的手段。神经成像技术包括功能性磁共振成像(functional magnetic resonance imaging，fMRI)、脑电图(electroencephalogram，EEG)、ERP、脑磁图(magnetoencephalography，MEG)、正电子发射断层扫描(positron emission tomography，PET)等[90-92]。其中，EEG 技术和 ERP 技术使用简单方便，并且在相关技术的兼用方面更具优势。

就 EEG 在飞行相关领域的应用而言，Borghini 等[93]在飞行员和汽车驾驶员神经生理指标的研究中指出，可以通过离线分析 EEG 数据准确探测飞行员脑力负荷。Hankins 等[94]在实际飞行中设置了不同水平的脑力负荷任务，发现需要脑力计算任务时，EEG 数据中的 $\theta$ 波功率增加。Wilson[29]在采用多生理指标研究飞行员脑力负荷时发现，EEG 数据中的 $\alpha$ 和 $\delta$ 随脑力负荷的变化而变化。

目前，认知神经科学领域使用的 ERP 技术的多个成分可以反映大脑的认知加工过程。ERP 是外加一种特定的刺激，作用于感觉系统或脑的某一部位，当给予刺激或撤销该刺激时，在脑区引起的电位变化。ERP 技术在实时、高精度反映信息加工活动等时间效应方面具有独特的优势。Sirevaag 等[95]采用 ERP 技术中的 P300 成分研究旋翼式飞机驾驶过程中，飞行员脑力负荷的变化情况，发现负荷增大时，P300 成分的波幅降低。Fowler 等[96]在研究飞机着陆任务的模拟飞行实验中发现，ERP 技术中 P300 成分的潜伏期能够有效地反映飞行员的脑力负荷。随着脑电技术设备的发展，更多的脑电位可被采集记录。这促使 ERP 技术在脑力负荷、疲劳评价领域快速发展。例如，Miller 等[97]在研究不同脑力负荷任务的实验中发现，ERP 技术中的 N1、P2、P3，以及晚期正波电位等成分的波幅与任务脑力任务难度负相关，有可能用于脑力负荷的测评。

### 4. 生理测量技术的优缺点

与其他测评方法相比，生理测评法具有以下优点。

(1) 生理测评指标具有客观性、实时性、连续性等优势。

(2) 随着生理测量设备及数据处理软件的不断更新换代，其集成化、智能化、自动化水平越来越高，出现许多无线测量设备和智能化数据处理软件，使生理测量设备对作业人员的侵入性逐步降低，数据分析也更加方便。

(3) 大多生理测量系统能同时处理不同时段采集的数据，在连续采集生理数据的同时展开多种数据分析，并且数据报告简单实用。因此，生理测量法是日益受到重视的一类脑力负荷评定方法，对脑力负荷的评定起着非常重要的作用。

生理测评法存在的主要缺陷如下。

(1) 生理测评法在敏感性方面存在特异性缺陷，其理论基础仍待进一步发展和完善。这一现象在实际测评过程中主要表现为，脑力负荷变化引起的生理指标的变化程度可能被误判。

(2) 生理测评法测量的某一项生理指标可能仅对某种类型的任务敏感，而对其他类型的任务不敏感。飞行是一项复杂的多类型任务的综合，因此要全面测评这类任务，可能需要测评多类生理指标。这在实际测评工作中存在一定的实施难度。

(3) 生理测评法对于测量设备和数据分析技术都有相应的要求, 因此限制了其使用的普遍性。

### 2.2.3　作业绩效测评方法

飞行员作业绩效测评方法是指通过测量飞行员在完成飞行任务过程中的绩效水平来间接测量(反映)其脑力负荷水平。作业绩效测评方法主要包括两种, 即主任务绩效测评方法和次任务绩效测评方法。

#### 1. 主任务绩效测评方法

飞行员脑力负荷的主任务绩效测评方法是指, 通过测评飞行员在执行主任务过程中的绩效指标来直接测量其脑力负荷。该方法假设主飞行任务的绩效水平直接反映飞行员的努力程度, 因此可以作为测量脑力负荷的一类有效指标。对飞行绩效的测量是基于具体飞行任务的, 如果飞行任务的类型不在同一维度, 那么研究者将很难比较不同任务之间的绩效水平。飞行员在执行飞行任务的过程中, 不仅要操控飞机, 还要监视驾驶舱内外的各类仪表和飞行环境。尽管能够采取各类指标测量其操作水平, 但是飞行员如何有效监视各类飞行信息, 却很难通过绩效测评方法获得。此外, 进行绩效测评时通常需要相应的绩效测评设备, 或者在飞机驾驶舱系统中设置不同的飞行异常信息。这可能威胁到实际飞行安全。就飞行绩效测评指标而言, 目前常用的指标是飞行异常信息的探测准确率和反应时间等。刘宝善等[53]采用飞行参数保持率作为绩效评价指标, 可以提供一种很好的测量指标。

#### 2. 次任务绩效测评方法

次任务绩效测评方法是一种间接测量脑力负荷的方法。其理论基础是多任务注意资源分配、多资源理论。其基本测量方式是让作业人员在进行一项作业(即主任务)的同时完成另一项作业任务(即次任务)。在整个任务过程中, 通过测评作业人员的次任务绩效水平来判断主任务对作业人员脑力负荷的影响。常用的次任务作业包括数字计算、记忆、视觉搜索等。测量指标与主任务绩效测评方法相同, 多为反应时间和正确率。

次任务绩效测评方法可以有效地解决主任务绩效不易测量的问题, 同时具备较好的理论基础, 因此在诸多研究中被认为是测量脑力负荷的敏感方法。然而,随着研究范围的日益扩大，研究人员发现该方法存在侵入性、理论基础等方面的争议。其侵入性方面的争议主要表现在对主飞行任务的干扰，可能影响航空安全，因此在真实的飞机作业研究中，该方法能否直接应用，仍有待商榷。其理论基础方面的争议主要指，该方法的理论基础是多资源理论，即假设不同类型的任务所消耗的注意资源是相同的。该理论是否成立，学术界仍在探讨中。

### 2.2.4　综合测评方法

随着研究的深入，相关研究人员逐渐认识到，不同测评方法适用于不同的情境、不同的负荷水平范围，没有一种指标(或方法)可以全面评估脑力负荷，因此综合采用多种方法(指标)进行综合评估来替代基于单一方法或指标的评估是比较合理的选择。同时，脑力负荷的多维度特性也决定了对其作综合评估的必要性。

近年来，国外一些学者运用多指标综合评估方法对飞行相关的脑力负荷的测评中进行了一些探索性研究[29, 98, 99]。例如，Dahlstrom 等[98]综合采用 HR、眼动和主观评价对真实飞行和模拟机环境下民航基本飞行训练中的飞行员脑力负荷进行研究。Wilson[29]采用 HR、HRV、皮电、眨眼、脑电、主观评价等对飞行脑力负荷进行研究。Noel 等[99]综合使用脑电、心电、眼动、呼吸来辨别和预测美国空军脑力负荷的类型。这些研究为探索相关指标对脑力负荷的敏感性和诊断性提供了有益的方向，但是尚未进行理论数学建模，因此评价在准确性和定量分级方面仍有欠缺。

在综合评估方法建模方面，目前常用的建模技术主要有因素分析、回归分析和神经网络建模等[100, 101]。Mazaeva 等[102]综合采用主成分分析法和 SOM 网络方法，对飞行模拟实验中采集的 30 个脑电指标进行分析和建模，发现建立的自组织映射(self-organizing maps，SOM)网络模型能够较准确地预测脑力负荷水平的变化。Ryu 等[47]分别采用因素分析法和回归分析方法将 EEG、ECG 和 EOG 集成为一个指数用于测评多任务作业下操作者的脑力负荷任务。该指数对不同难度的脑力负荷任务变化更敏感。李金波等[101]在一项双任务作业中选取主任务正确率、主任务反应时、注视次数、注视时间等 4 个评估指标，分别采用反向传播神经网络和 Elman 神经网络两种方法，建立脑力负荷预测模型。两种模型的预测准确率分别在 61.40%～80.49%，以及 70.07%～89.65%。刘宝善等[53]综合采用任务绩效评价法(包括主任务和次任务)、主观评价法、生理评价法等方法，基于飞行模拟器建立脑力负荷综合评估模型，并对该模型的可用性进行了验证[53]。

## 2.3　研究现状及存在的问题

飞机驾驶舱是信息高度密集的人机交互系统载体,其设计水平的高低将直接影响飞行安全。显示界面是飞机驾驶舱的重要组成部分,对其进行脑力负荷的测量和评价,对于整个驾驶舱系统安全、驾驶舱人机交互界面设计,以及驾驶舱与飞行员之间的人机功能分配等意义重大。2.2 节对现有的各类脑力负荷测评方法进行了比较和分析,表明在脑力负荷测评中任何单一的方法或指标对都有一定的优点和局限性。各类测评方法都能在一定程度上反映脑力负荷水平,但均不能全面评估各种任务的脑力负荷水平。综合测评是一种可行性较好的研究方法,但是如何进行综合测评,仍面临以下挑战。

(1) 虽然在诸多文献中,研究人员提供了大量可用于飞机驾驶舱显示界面脑力负荷的测评指标,但是各测评指标的敏感性可能随着作业类型的变化呈现不一致的差异,因此如何根据具体的作业任务选择合适的评价指标,是未来脑力负荷测评面临的一个挑战。

(2) 尽管同时采用多指标综合测量脑力负荷能够更全面地反映脑力负荷,但是各个测评指标在某一测评维度上可能存在部分“重叠”,因此会总体上对脑力负荷的估计出现过高的情况,这是多指标综合测量中面临的一个难题。

(3) 在现有的各类综合评估模型中,仍然缺乏对飞机驾驶舱显示界面脑力负荷进行客观、实时分析和预测的量化数学模型。这在一定程度上限制了对实际飞行过程中脑力负荷的测量和评价。

(4) 各测评指标与总体脑力负荷之间存在何种函数关系并不明确,虽然目前国内外许多研究人员采用神经网络技术进行综合建模并取得一些成果[101],但是神经网络建模随机性大,需要人为随机调试,消耗大量的人力和时间,并且该方法的结论没有统计理论基础,解释性不强,需要根据经验和反复实验来确定。因此,未来还需要引进或开发新的建模方法来测评飞机驾驶舱显示界面脑力负荷水平。

# 第3章  研究假设与技术路线

## 3.1  研究假设

本书提出以下四个假设。

(1) 从飞行员认知加工过程的早期阶段研究与飞行任务相关的脑力负荷,通过开展 ERP 实验研究,找出能够有效反映飞机驾驶舱显示界面脑力负荷变化的脑电指标。这些脑电指标可以从认知神经科学的角度帮助界面设计人员理解飞行脑力负荷。

(2) 通过测量飞行员 HRV 的相关时域指标,如 RRI Count、Maximum RRI、Minimum RRI、Mean RRI、Max/Min RRI、SDNN,可以有效评价飞机驾驶舱显示界面脑力负荷的变化特性;通过将 HRV 指标中对脑力负荷变化敏感的指标与飞行作业绩效指标、主观评价指标相结合,采用一定的数学建模技术,可以建立飞机驾驶舱显示界面脑力负荷判别预测的综合模型,进而有效评价飞机驾驶舱显示界面脑力负荷等级。

(3) 通过测量飞行员的脑电指标(MMN 指标的峰值、P3a 指标的峰值)、心电指标(SDNN)、眼电指标(眨眼次数)这三类生理指标,可以找出能够准确反映飞机驾驶舱显示界面脑力负荷变化特性的生理指标。同时,将不同的生理指标组合并采用一定的数学建模技术,建立脑力负荷判别预测的生理模型,达到对飞机驾驶舱人机交互过程脑力负荷等级变化准确、实时、客观预测的目的。

(4) 将反映多显示界面多飞行任务状态下飞机驾驶舱显示界面脑力负荷变化特性的生理指标结合主观评价指标和作业绩效指标,采用一定的数学建模技术,建立脑力负荷判别预测的综合模型,进而对多界面多飞行任务状态下飞机驾驶舱人机交互过程中的脑力负荷等级变化进行综合评价。

## 3.2  实验方案的制定

在实验 1 中,设计三种(包含对照组)不同难度的飞行任务,结合地面飞行模拟器搭建脑电测量实验平台,基于 ERP 技术,采用三刺激 Oddball 实验范式,研究 MMN、P3a 成分的峰值和潜伏期对于飞机驾驶舱显示界面脑力负荷的敏感性。

在实验 2 中，设计四种(包含对照组)不同难度的飞行任务，结合地面飞行模拟器搭建心电设备测量脑力负荷的实验平台，基于 EEG，研究平均心率(Mean HR)和 HRV 的 6 个成分 R-R 间期数量(RRI Count)、平均 R-R 间期(Mean RRI)、最大 R-R 间期(Maximum RRI)、最小 R-R 间期(Minimum RRI)、最大 R-R 间期与最小 R-R 间期的比值(Max/Min RRI)、R-R 间期的标准差对于飞机驾驶舱显示界面脑力负荷的敏感性。选择对脑力负荷敏感的指标，采用 Bayes 和 Fisher 判别分析方法建立脑力负荷综合判别预测模型。

实验 3 在实验 1 和实验 2 的基础上，搭建多生理指标(包括脑电、心电和眼电三类生理指标)测量脑力负荷的实验平台，设计了三种(包含对照组)不同难度的飞行任务，综合采用 ERP、ECG 和 EOG 三类生理测量技术，在飞行模拟任务条件下开展脑力负荷的生理实验测量与理论建模研究，建立脑力负荷判别预测的综合生理模型，然后比较综合生理模型的判别结果与基于 NASA_TLX 的判别结果。

在实验 4 中，综合采用 ERP、ECG 和 EOG 三类生理测量技术，在不同的飞行显示界面上，采用 E-Prime 设计三种不同类型的飞行异常任务，即主飞行仪表监视任务、飞行计算任务，以及雷达探测任务，在多个显示界面多种飞行模拟任务条件下开展脑力负荷的实验测量与理论建模研究，建立多显示界面多飞行任务脑力负荷综合评估模型。

## 3.3　ERP 技术简介

### 3.3.1　ERP 的定义

ERP 最初被称为诱发电位(evoked potential，EP)。因为这一类电位是在没有刺激诱发而自发出现原始 EEG 的基础上发现的。为了与原来的 EEG 进行区别，因刺激诱发而产生的脑电被称为诱发电位。与之相对，自发出现的脑电称为自发电位。显然，诱发电位是为了强调该电位是刺激诱发的。随着研究的发展，研究人员逐渐认识到，诱发电位一词已经不能有效地概括由主动的、自上而下的心理因素产生的脑电波了。在此背景下，Vauhan 于 1969 年首次提出 ERP 一词，受到广大研究人员的广泛认同，并一直沿用至今[103, 104]。

因为 ERP 是从 EP 演化来的，所以从广义上讲，EP 指凡是外加一种特定的刺激作用于机体，在给予或撤销刺激时，神经系统任何部位引起的电位变化[104]；从狭义上讲，EP 指凡是外加一种特定的刺激，作用于感觉系统或脑的某一部位，在给予或撤销刺激时，脑区引起的电位变化[104]。

### 3.3.2　ERP 提取的基本过程和原理

ERP 是通过对 EEG 的数据处理得到的，包括数据提取和数据处理两个过程。首先，通过数据提取过程将 EEG 中的 ERP 波形成分逐渐显现出来；然后，对得到的 ERP 成分波形进行相关的测量、分析。ERP 数据处理的基本过程如图 3.1 所示[91, 104]。

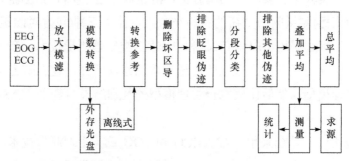

图 3.1　ERP 数据处理的基本过程

### 3.3.3　ERP 数据分析需要注意的问题

在 ERP 实验测量数据的离线分析过程中需要特别注意一些问题，为明确而直观地说明这些问题，本书以 Scan 4.3 为基础进行简要介绍。

1) 脑电预览问题

脑电预览问题需要注意离线观察被试的脑电基本特征；删除明显漂移的脑电数据；观察眼电的幅值正负、眼电方向与脑电方向，指导后面的去除眼电步骤；观察心电导联和肌电导联的基本特征和幅值大小，以及对脑电影响的位置和程度。实验过程中的某被试出现明显漂移的波形如图 3.2 所示。

2) 排除眨眼尾迹

排除眨眼尾迹主要针对 EOG 等各类生理信号产生的尾迹对原始脑电波采集的干扰。图 3.3 和图 3.4 对比展示了去除眼电前后的脑电波型。图 3.3 所示为某被试的原始脑电波形图。图 3.4 所示为去除眼电后的波形图。

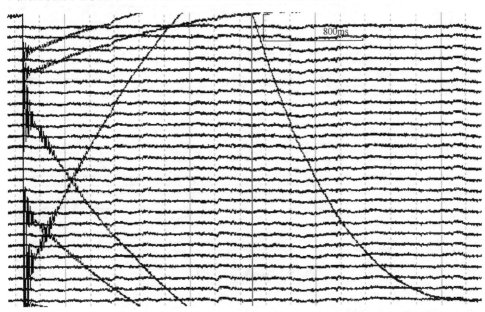

图 3.2　实验过程中的某被试出现明显漂移的波形

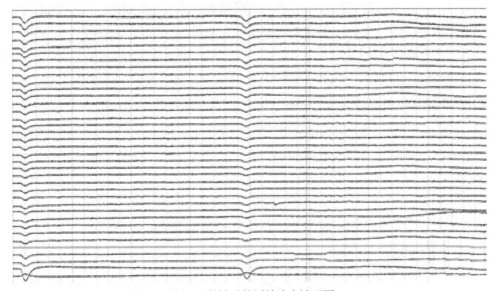

图 3.3　某被试的原始脑电波形图

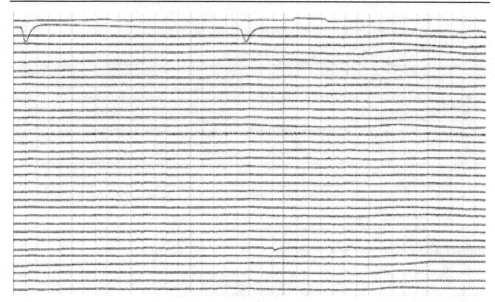

图 3.4　去除眼电后的波形图

### 3.3.4　ERP 的成分介绍

ERP 的成分主要指在实验研究中发现的那些诱发条件明确，与心理或认知等因素关系清晰，可以作为相关问题的研究指标(或研究工具)来使用的成分。目前，心理学、认知神经科学、医学、人工智能等研究领域常用的 ERP 成分主要包括 P300、MMN、N400、伴随性负波(contingent negative variation，CNV)、运动预备电位(readiness potential，RP)、偏侧预备电位(lateralized readiness potential，LRP)、加工负波(processing negativity，PN)、识别电位(recognition potential，RP)、错误相关负波(error related negativity，ERN)、错误正波(error positivity，Pe)、反馈负波(feedback negativity，FN)、视觉相关电位(C1、P1、N2)等。

鉴于研究需要，下面详细介绍 MMN 和 P3a 这两个 ERP 成分。

1. MMN 成分

MMN 成分最早是 Näätänen 等[105]于 1978 年发现的。其典型的实验范式是，分别在被试人员的双耳中呈现两种声音刺激(标准和偏差刺激)。标准刺激为1000Hz 的短纯音，呈现概率一般在 70%以上，通常在 80%左右。偏差刺激为 800Hz的短纯音，呈现概率一般在 30%以下，通常在 20%左右。在实验过程中，被试双耳分听。采集处理的数据波形显示，与被试是否注意倾听无关，在大约 250ms 范围内，由偏差刺激引起的负波大都高于标准刺激引起的负波。在波形结果的处理中，观察偏差刺激与标准刺激的差异波(偏差刺激引起的 ERP 波形减去由标准刺激引起的 ERP 波形)可以发现，在大约 100~250ms 内出现一个明显的负波，即 MMN。由于该差异波是在非注意的条件下产生的，因此 MMN 成分反映大脑对信息的自动加工[103, 104, 106-108]。

大脑具有对信息进行自动加工的能力，这是大脑独有的一种高级功能。它对研究人类的意识、行为等问题具有非常重要的科学价值。MMN 成分的发现为研究大脑信息自动加工能力提供了宝贵的客观指标，不但客观证实了人脑天然具备信息自动加工的能力，而且具有很高的科学和工程应用价值。在研究中，可以使用 MMN 成分研究人脑自动加工的深度、广度，以及脑活动机制等科学问题。这些问题的解决有可能极大地促进生命科学、人工智能等学科的发展，同时对于促进高端医疗器械的临床应用也有帮助。目前，ERP 和 MEG 的研究结果表明，听觉刺激诱发的 MMN 成分的脑内源有两处，一处为额叶，另一处为颞叶感觉皮质。MMN 成分的研究通常以鼻尖作为参考电极，选择双侧乳突作为记录电极[103, 104]。

## 2. P300 成分

P300 最早由 Sutton 等[109]于 1965 年报道。P300 即 ERP 晚期成分中的第三个正波，是刺激发生后约 300ms 左右的潜伏期出现的，因此将其称为 P300。P300 的波幅大都较高，约在 5~20μV 之间，有时甚至高达 40μV。其最大的波幅点在顶叶附近。诱发 P300 成分的实验范式通常为 Oddball 实验范式。标准刺激和偏差刺激序列随机出现。实验中，被试对偶然出现的偏差刺激(靶刺激)作出操作反应，这样在约 300ms 左右的潜伏期时便会呈现正波成分(P300)。P300 成分诱发条件明确，波幅与潜伏期较为清晰，即使不经过叠加平均，单次刺激产生的 EEG 波形中也可以分辨出来，因此 P300 很快便引起世界各地研究人员的广泛关注。许多实验室针对与 P300 成分相关的生理、心理因素开展了一系列大量的研究，使 P300 成分成为 ERP 众多成分中研究持续时间最长、研究量最大、研究应用范围最广的成分。目前 P300 成分已经广泛应于与记忆、计算、注意、决策等诸多认知活动相关的实验研究中[110, 111]。

P3a 成分也属于 P3 成分，其潜伏期较经典的 P300 明显提前，因此被称为 P3a。

与此相对，经典的 P300 被称为 P3b。P3a 成分是由新异刺激诱发的一个正成分，在头皮广泛分布，其最大的波幅点在额叶附近(Fz 电极处)，因此也有部分研究人员将其称为额叶 P3，与此相对应，将 P3b 称为顶叶 P3。其中的新异刺激是指刺激序列呈现的一系列具有突然性的、未预料性的和足够强度的刺激。这些刺激都是不同的，如动物叫声、警报声，以及雷声等。新异刺激可以使被试产生朝向反应。经过大量的研究，目前研究界公认 P3a 成分是机体非随意注意中朝向反应产生的主要标志[103, 104]。

脑损伤的相关研究表明，P3a 和 P3b 这两种 ERP 成分的脑发生源与心理生理机制并不相同。其中，P3a 反映由刺激驱动产生的"自下而上"的前脑区的注意加工机制；P3b 反映由任务驱动产生的"自上而下"的颞-顶区的注意与记忆机制[110, 111]。

### 3.3.5　经典的 ERP 实验范式

ERP 的实验范式是开展 ERP 相关研究工作的必要组成部分。准确理解 ERP 的实验范式有助于研究人员进行 ERP 相关的实验设计、实验数据分析，以及实验结果的解释。常用的 ERP 实验范式主要包括经典 Oddball 实验范式和经典 Go-Nogo 实验范式等。

#### 1. 经典 Oddball 实验范式

经典 Oddball 实验范式是指，在开展一项实验研究时，随机呈现出同一感觉通道(如视觉、听觉、体感等)的两种刺激。这两种刺激的呈现概率不同，并且相差很大。刺激序列中呈现的大概率刺激构成其间呈现的小概率偏差刺激的背景。如果这两种刺激之间的物理属性相似，那么偶然出现的刺激构成经常出现刺激的微小变化，就如同经常出现的刺激发生了某些偏差，因此将这两种刺激分别命名为标准刺激和偏差刺激。在一项实验研究中，如果要求被试对某种偏差刺激进行相应的操作反应，那么此时呈现的偏差刺激就成了实验中的靶刺激。Oddball 实验范式如图 3.5 所示。经典 Oddball 实验范式的应用范围非常广泛，是产生诸多与靶刺激的呈现概率差异密切相关的 ERP 成分的实验范式。这些 ERP 成分主要包括 P3a、P3b、MMN 等。随着应用的日益广泛和各类实验研究需求的变化，目前在经典 Oddball 实验范式基础上已衍生了许多新型的 Oddball 实验范式[104]。

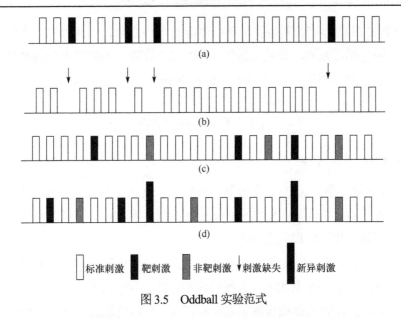

图 3.5　Oddball 实验范式

(1) 在刺激序列的编排中，当呈现一系列有规律的刺激物时，其中某一次刺激偶然缺失，如图 3.5(b)所示。此时，这一刺激的缺失(或称无刺激呈现)也可诱发 ERP。该实验范式可用于研究实验任务中习惯化的脑活动机制等相关研究问题。

(2) 在刺激序列的编排中，刺激类型可分为标准刺激、靶偏差刺激、非靶偏差刺激，如图 3.5(c)所示。标准刺激的呈现概率为 70%。靶偏差刺激和非靶偏差刺激的呈现概率均为 15%。实验研究中被试仅对靶偏差刺激进行操作反应，对非靶偏差刺激不做任何操作反应。该实验范式可应用于研究实验任务中的靶与非靶之间的某种关系。

(3) 新异刺激如图 3.5(d)所示。这类新异刺激的呈现使被试产生一定的朝向反应，可同时诱发 P3a 成分。该实验范式主要用于研究非随意注意(或外源性注意)。

2. 经典 Go-Nogo 实验范式

经典 Go-Nogo 实验范式是指，在开展一项实验研究时，随机呈现同一感觉通道(如视觉、听觉、体感等)的两种刺激。这两种刺激的呈现概率相等。该实验中的靶刺激称为 Go 刺激，非靶刺激称为 Nogo 刺激。通常，人们又将该实验范式称为 Go-Nogo 作业。该实验范式的突出优点是可以有效地排除刺激呈现概率对于 ERP 成分的影响，其刺激呈现概率没有大小之分，因此可以大大节省实验所需的时间；缺点是实验范式诱发的 ERP 成分有限，不能产生因刺激呈现的概率之间大小差异而诱发的某些 ERP 中的特殊成分，如 MMN 成分等。

## 3.4　E-prime 软件

### 3.4.1　E-Prime 软件概述

E-Prime 软件是美国 PST 公司(Psychology Software Tools，Inc)开发的。它主要针对心理学与行为学相关的实验，基于计算机技术可以有效辅助心理学与行为学实验的设计、生成，以及运行[104, 112]。

E-Prime 软件是一个高度图形化的设计工具，对于开展相关的心理学、行为学，以及认知科学等非常实用，其操作简单便捷。用户在使用 E-Prime 软件进行实验设计时，只需要选择相应的实验功能图标，然后将图标直接拖曳到对应的实验程序就可以在很短的时间内，快速建立复杂的实验程序。在使用 E-Prime 软件设计、生成、运行的实验中，其刺激的呈现时间和相关信号的反馈时间具有极高的精确性，可以达到毫秒级的精度。

E-Prime 软件目前广泛应用于认知神经科学、工程心理学、社会心理学等心理与行为相关的诸多研究领域。

### 3.4.2　E-Prime 的功能和主要作用

E-Prime 软件系统的功能包括实验的设计、生成、运行，以及实验数据的收集、编辑、预处理。

E-Prime 软件系统能够呈现一种或多种刺激的任意组合。这些刺激主要包括图像、声音、文本、视频等。该软件能够提供很详细的时间信息、事件细节(如刺激的呈现时间、被试的反应时间、按键值、话筒语音等)，以文本格式的形式导出实验原始数据供后续分析使用。

E-Prime 软件系统的核心功能模块主要包括 6 个子模块[104, 112]，即 E-Studio 模块、E-Basic 模块、E-Run 模块、E-Merge 模块、E-DataAid 模块和 E-Recover 模块等。它使用的语言是 E-basic 语言，可以提供大量针对行为学研究的增强型命令增强实验编程的灵活性，帮助实验主试设计出更加灵活而全面的实验范式，同时还提供 E-Prime 系统软件的后续扩展空间。该软件同时提供与 EXCEL 和 SPSS 等数据分析软件的数据接口，从而有效地将被试的反应数据记录、数据导出，以及数据结果分析紧密地结合起来，可以极大地方便数据结果分析。

在 E-Prime 软件系统中，E-Studio 模块是一个可视化的图形编辑界面。它的主要作用是将工具箱(即 Toolbox)中的编辑对象(即 E-object)拖曳到 SessionProc 中程序时间的控制线上。通常情况下，一个实验是由多个 E-object 构成的，每一个 E-object 都有其独特的属性，实验主试可以依据具体的研究需求设定属性，而这些属性能够决定对象的操作行为。例如，实验主试可以设置某个听觉刺激的类别(如纯音、短声、白噪声、语音)、刺激参数(如频率、声压级)、反应方式(如鼠标、键盘、其他装置)等。在 Toolbox 中，常用的 E-object 主要有 Slide、Procedure，以及 TextDisplay 等。

在 E-Prime 软件系统中，E-Merge 模块可以提供针对实验数据处理扩展的操作功能。通过使用该模块，研究人员可以将记录的多个实验数据文件简单、快速地合并成一个新的、独立的数据记录文件，也可以每次打开多个数据文件。

在 E-Prime 软件系统中，E-DataAid 模块具有很强的实验数据处理功能。它可以根据实验主试的具体需求，对实验数据进行相应的过滤、编辑，以及导出等操作。例如，在一次实验中，如果实验主试仅需要记录被试做出正确操作反应状态下的反应时间，那么主试只需在该模块中点击 Tools 下拉菜单，选择 Filter 图标，并设定 Stimuli.ACC=1，这样就能得到被试人员在做出正确操作反应状态下的各项实验数据。该模块也可以用来编辑实验数据，通过导出系统将实验数据导入实验主试指定的路径，以便进行后续的实验数据分析和处理。

E-Recover 模块在实验程序的运行过程中起着恢复部分文件的作用。在一次实验的进行过程中，如果实验主试或实验被试由于某些意外终止了实验进程，进而造成部分实验数据文件的丢失或者破坏，就可以使用 E-Recover 模块恢复丢失的或者被破坏的文件，将缺失的 E-Run 文本文件重新转换为 E-Prime 软件的数据文件。

### 3.4.3 E-Prime 的主要操作步骤

在 E-Prime 软件中，E-Studio 是核心模块。它主要由 SessionProc、Procedure、List Slide、Image、Sound、TextDisplay、FeedBack 等控件(即 Object)组成。使用 E-Prime 软件进行心理学实验设计时，首先将心理学实验逐步分解成一系列的实验对象，其次是把各个实验对象按照实验运行时间的先后顺序各自镶嵌在总的实验过程 SessionProc 和核心的实验过程 Procedure，最后通过设置各个实验对象的相关属性来控制实验，完成整个实验设计。

一般而言，使用 E-Prime 软件设计一个完整的实验，主要包括以下关键步骤[104, 112]。

(1) 完成 Designlist 的设计，需要明确以下几个问题，即实验自变量的个数；每个自变量有几个水平；实验中关键刺激的设置是什么；实验刺激呈现后，实验被试是否需要对其进行反应；如果需要被试对刺激做出反应，那么被试应该如何操作。

(2) 完成 Procedural 的设计，确定实验的具体流程；在刺激序列呈现的过程中，实验被试需要完成哪些事件；这些事件的先后顺序是什么。

(3) 完成 Events 的设计，分析每个 event 的特点，设置每个 event 的具体属性，如呈现时间、间隔时间、是否需要实验被试进行按键反应、是否向计算机外部设备发送相应的信号等。

(4) 完成实验数据的记录，程序的运行、测试，以及初步数据分析、数据导出等。

## 3.5　数学建模方法

### 3.5.1　Fisher 判别分析方法

Fisher 判别分析方法的主要过程如下[113]。

如果点 $x$ 在以 $\alpha$ 为法方向的投影为 $\alpha'x$，那么各组数据的投影为

$$G_i: \ \alpha'x_1^{(i)} \cdots \alpha'x_{n_i}^{(i)}, \quad i=1,2,\cdots,k$$

如果 $G_m$ 组数据投影的均值为

$$\alpha'\overline{x}^{(m)} = \frac{1}{n_m}\sum_{i=1}^{n_m} n_m \alpha^{\mathrm{T}} x_i^{(m)}, \quad m=1,2,\cdots,k$$

$k$ 组数据投影的总均值为

$$\alpha'\overline{x} = \frac{1}{n}\sum_{m=1}^{k}\sum_{i=1}^{n_m} X_{(\alpha)}^{(i)} \alpha'x_i^{(m)}$$

因此，组间离差平方和为

$$\text{SSG} = \sum_{m=1}^{k} n_m \left( \alpha' \overline{x}^{(m)} - a' \overline{x} \right)^2$$

$$= \alpha' \left[ \sum_{m=1}^{k} n_m \left( \overline{x}^{(m)} - \overline{x} \right) \left( \overline{x}^{(m)} - \overline{x} \right)' \right] \alpha \tag{3.1}$$

$$= \alpha' B \alpha$$

其中，$B$ 为组间叉积平方和(sum-of-squares and cross-products, SSCP )矩阵。

组内离差平方和为

$$\text{SSE} = \sum_{m=1}^{k} \sum_{i=1}^{n_m} \left( \alpha' x_i^{(m)} - \alpha'^{\overline{x}^{(m)}} \right)^2$$

$$= \alpha' \left[ \sum_{m=1}^{k} \sum_{i=1}^{n_m} \left( x_i^{(m)} - \overline{x}^{(m)} \right) \left( x_i^{(m)} - \overline{x}^{(m)} \right)' \right] \alpha \tag{3.2}$$

$$= \alpha' E \alpha$$

其中，$E$ 为组内 SSCP 矩阵。

于是寻找 $a$，使 SSG 尽可能大，SSE 尽可能小，即 $\Delta(a) = \dfrac{a^{\mathrm{T}} B a}{a^{\mathrm{T}} E a} \to \max$。可以证明，使 $\Delta(a)$ 最大的值为方程 $|B - \lambda E| = 0$ 的最大特征值 $\lambda_1$。

记方程 $|B - \lambda E| = 0$ 的全部特征值为 $\lambda_1 \geqslant \lambda_2 \geqslant \cdots \geqslant \lambda_r > 0$，相应的特征向量为 $v_1, v_2, \cdots, v_r$，则判别函数 $y_i(x) = v_i' x = \alpha' x$。

记 $p_i$ 为第 $i$ 个判别函数的判别能力，即 $p_i = \dfrac{\lambda_i}{\sum\limits_{h=1}^{r} \lambda_h}$，则前 $m$ 个判别函数的判

别能力 $\sum\limits_{i=1}^{m} p_i = \dfrac{\sum\limits_{i=1}^{m} \lambda_i}{\sum\limits_{h=1}^{r} \lambda_h}$。

依据两个标准决定最终的判别函数，即指定取大于 1 的特征值；前 $m$ 个判别函数的判别能力达到指定的百分比。

判别时，首先计算 $Y$ 空间样本所属各类别的中心。对于新样本 $X$，计算其 Fisher 判别函数值，以及 $Y$ 空间中与各类别中心的距离。然后，利用距离判别法，判别其类别，即

$$W(Y) = \left( Y - \overline{Y} \right)' \frac{1}{\sum \left( \overline{Y}^{(i)} - \overline{Y}^{(j)} \right)} \tag{3.3}$$

其中，$\overline{Y} = \dfrac{1}{2}\left(\overline{Y}^{(i)} + \overline{Y}^{(j)}\right)$。

当 $W(Y) > 0$ 时，新样本 $X$ 属于第 $i$ 类。

Fisher 函数的一般形式为

$$y = a_1 x_1 + a_2 x_2 + \cdots + a_p x_p \tag{3.4}$$

其中，系数 $a_p$ 为判别系数，表示输入变量对判别函数的影响；$y$ 为样本在低维空间 $Y$ 中的某个维度。

### 3.5.2　Bayes 判别分析方法

在 Bayes 判别方法中，首先需要计算样本的先验概率，然后利用判别函数提供的信息对先验概率进行调整，最后得到某个样本属于某个类别的概率估计，具体如下[113-116]。

(1) 计算样本点 $X$ 属于总体 $G_i(i = 1, 2, \cdots, k)$ 的概率，记为 $p(G_i|X)$。

(2) 根据 $k$ 个概率值的大小，决策样本点 $X$ 应属于概率最大的类别(总体)。

计算 $p(G_i|X)$ 时，需要考虑以下几个方面。

① 计算先验概率。

先验概率是指随机抽取的样本属于总体 $G_i$ 的概率，记为 $p(G_i)$，可将其视为先验知识。先验概率可以根据样本直接获得，也可以根据熵最大原则获得。设 $k$ 个总体 $G_1, G_2, \cdots, G_k$ 的先验概率分别为 $q_1, q_2, \cdots, q_k$，这里令 $q_1 = q_2 = \cdots = q_k$。

② 计算样本似然。

样本似然是指在总体 $G_i$ 中抽到样本 $X$ 的概率或概率密度，记为 $p(X|G_i)$。

以两个总体为例。如果判别变量服从多元正态分布，且各总体(类别)的协方差矩阵相等，则总体 $G_i$ 中抽到样本 $X$ 的概率密度是多元正态分布的密度函数，即

$$p(X|G_i) = \frac{1}{|\omega|\sqrt{2\pi}} \exp\left[-\frac{1}{2}\left(X - \mu^{(1)}\right)' \omega^{-1}\left(X - \mu^{(1)}\right)\right] \tag{3.5}$$

其中，$|\omega|$ 为协方差阵的行列式值，称为广义方差；中括号部分为马氏距离，记为 $D_1^2$，则有

$$p(X|G_1) = \frac{1}{|\omega|\sqrt{2\pi}} \exp\left(-\frac{1}{2}D_1^2\right) \tag{3.6}$$

同理，在总体 $G_2$ 中抽到样本 $X$ 的概率密度为

$$p(X|G_2) = \frac{1}{|\omega|\sqrt{2\pi}} \exp\left(-\frac{1}{2}D_2^2\right) \tag{3.7}$$

③ 计算样本属于总体 $G_i$ 的概率 $p(G_i|X)$。

根据 Bayes 定义，用判别函数的信息调整先验概率，则有

$$p(G_i|X) = \frac{q_i p(X|G_i)}{\sum\limits_{j=1}^{k} q_j p(X|G_j)}, \quad i = 1, 2, \cdots, k \tag{3.8}$$

由于 $p(X|G_i)$ 与 $\exp\left(-\frac{1}{2}D_i^2\right)$ 成比例，因此 Bayes 判别函数为

$$p(G_i|X) = \frac{q_j \exp\left(-\frac{1}{2}D_i^2\right)}{\sum\limits_{j=1}^{k} q_j \exp\left(-\frac{1}{2}D_j^2\right)}, \quad i = 1, 2, \cdots, k \tag{3.9}$$

样本 $X$ 应属于 $p(G_i|X)$ 最大的类。

# 第 4 章 脑电指标与脑力负荷

## 4.1 实 验 目 的

飞机驾驶舱是复杂的人机交互系统，信息高度密集。随着飞机的不断更新换代，以及各种智能化、信息化系统的运用，飞行员容易出现脑力负荷较高，甚至超载的情况。据统计，在世界范围内近 20 年的飞行事故中，约有 35% 的飞行事故与飞行员脑力负荷过重相关[117]。因此，在飞机驾驶舱显示界面设计阶段，通过准确评价，甚至预测飞行员的脑力负荷，优化脑力任务设计并使其保持在适宜水平，已成为具有重要现实意义的研究课题。

脑力负荷测量是进行脑力负荷预测和脑力任务优化设计的基础。其目的主要有两个，即设计和评价显示界面来确保所提供的信息不超载；当飞行任务紧急时，优化界面信息显示来尽量减少作用于飞行员的脑力负荷[73]。航空事故调查结果显示，脑力负荷引发的航空事故与飞行员对信息的自动探测、警觉性、朝向注意等认知能力的下降而引起的飞行操作失误关系密切[92, 118]。研究表明，MMN 和 P3a 成分可以有效地反映大脑皮质对信息变化的自动探测能力和注意朝向能力[108, 118, 119]，因此可以用于脑力负荷的测量与评价领域。

为测试某一显示界面设计的可用性，国外人机工效学领域已较为广泛地使用飞行模拟器开展飞行员的脑力负荷、注意资源分配、情境意识等的测量与评价研究[75, 98]，而国内的相关研究还较为有限。本书基于 ERP 技术，开展飞行模拟任务，选取 MMN 和 P3a 成分作为评价指标，对被试的脑力负荷情况进行测量，以期用于飞机座舱显示界面设计的适人性评价，为优化完善显示界面设计提供依据。

## 4.2 实 验 测 量

### 4.2.1 实验被试

本次实验共招募模拟飞行员被试 16 名(男性，23～27 岁，平均年龄 24.4 岁)，右利手、视力或矫正视力正常、听力正常。

## 4.2.2 实验设计

实验采用 3×3×3 完全被试内设计，即脑力负荷(高、低、对照)×脑侧(左侧、中线、右侧)×脑区(额区、额中央区、中央区)。由于 MMN 的头皮分布以额部中央区记录的波幅最大，因此实验选取额区、额中央区、中央区等三个脑区进行统计。实验将脑力负荷分为三级(对照负荷、低负荷、高负荷)，所有实验被试均需完成这个三级飞行任务。三次飞行模拟任务之间的间隔为 0.5h，脑力负荷水平的实验顺序在被试人员中交叉平衡。

## 4.2.3 飞行模拟任务

实验被试需要在地面飞行模拟器上完成完整的动态飞行过程。进行起飞或降落手动作业时，不同被试在操作时间上有少许差异，因此一次飞行模拟实验时间约为 830s。异常信息的设定范围如表 4.1 所示。

表 4.1 异常信息的设定范围

| 序号 | 飞行参数 | 飞行异常信息范围 |
| --- | --- | --- |
| 1 | 俯仰角 | 超过 20° 为异常信息 |
| 2 | 空速 | 超过 400n mile/h 为异常信息 |
| 3 | 气压高度 | 超过 10000ft 为异常信息 |
| 4 | 航向角 | 超过 50° 为异常信息 |
| 5 | 滚转角 | 超过 20° 为异常信息 |
| 6 | 方向舵状态 | Abnormal 为异常信息 |
| 7 | 副翼位置 | Abnormal 为异常信息 |
| 8 | 起落架状态 | Abnormal 为异常信息 |
| 9 | 发动机状态 | Abnormal 为异常信息 |

注：1ft=0.3048m；1n mile=1.852km。

在高脑力负荷条件下，需要被试保持监视的飞行参数数量为 9(俯仰角、空速、气压高度、航向角、滚转角、方向舵状态、副翼位置、起落架状态、发动机状态)，异常信息的平均呈现时间与间隔时间分别为 1s 与 0.5s；在低脑力负荷条件下，需要被试保持监视的飞行参数数量为 3(俯仰角、空速、气压高度)，异常信息的平均呈现时间与间隔时间均设定为 2s；在对照脑力负荷条件下，无异常信息出现，被试保持监视的飞行参数数量为 0。

#### 4.2.4　三刺激 Oddball 任务

被试在飞行模拟过程中佩戴电极帽和耳机，由耳机双侧呈现三刺激 Oddball 模式下的听觉任务。实验场景如图 4.1 所示。

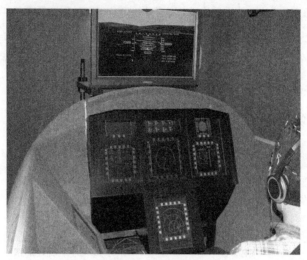

图 4.1　实验场景

实验采用非随意注意条件下的诱发方法，要求被试关注飞行模拟任务，忽略听觉刺激，由大脑完成对声音刺激的自动加工。刺激序列由 1120 个标准刺激(频率 800Hz，刺激强度 80dB，概率 80%)、140 个偏差刺激(频率 1000Hz，刺激强度 80dB，概率 10%)、140 个新异刺激(包含多种告警声音等，刺激强度 80dB，概率 10%)构成。三种刺激呈现时间相同(100ms)，间隔时间均为 600ms。

#### 4.2.5　数据记录与分析

采用 Neuroscan Neuamps 系统记录 30 导脑电信号，即 F7、FT7、T3、TP7、T5；FP1、F3、FC3、C3、P3、O1；FZ、FCZ、CZ、CPZ、PZ、OZ；FP2、F4、FC4、C4、P4、O2；F8、FT8、T4、TP8、T6；M1、M2。参考电极为鼻尖。记录带宽为 0.1～200Hz，采样率为 1000Hz/导。分析时程为 600ms(包括刺激前 100ms)。尾迹剔除标准为波幅大于±150μV 的波形。用偏差刺激的 ERP 减去标准刺激的 ERP，可以得到由声音频率变化诱发的 MMN-1 和 P3a-1，如图 4.2(a)和图 4.3(a)所示。用新异刺激的 ERP 减去标准刺激的 ERP，可以得到异常声音诱发的 MMN-2 和 P3a-2，如图 4.2(b)和图 4.3(b)所示。

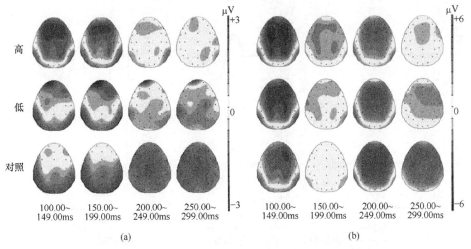

图4.2　高、低、对照脑力负荷条件下的脑电压波形图

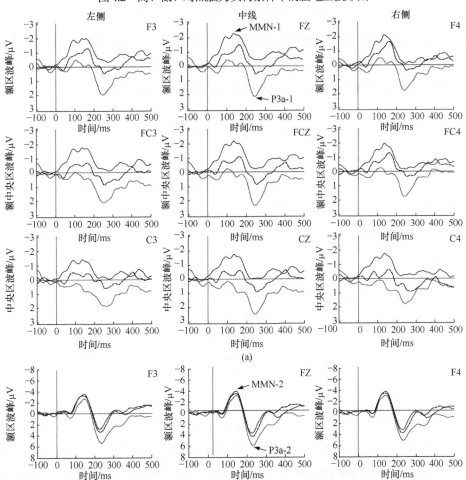

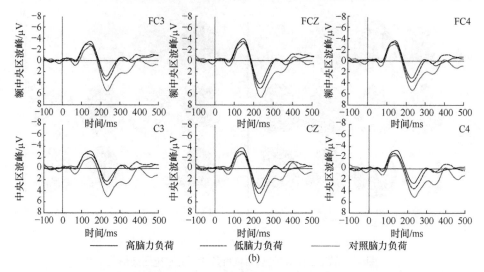

图 4.3　MMN 和 P3a 成分的总平均图

计算机系统自动记录被试对异常信息的正确操作率和反应时间(从目标出现到做出响应的时间间隔),并作为评价指标。采用 SPSS 17.0 对行为绩效数据和脑电数据进行重复测量的方差分析(analysis of variance,ANOVA)。

## 4.3　实验结果

### 4.3.1　行为绩效结果

在高、低两种脑力负荷飞行状态下,被试对异常信息的正确操作率和平均反应时间如表 4.2 所示。实验采用单因素重复测量的方差分析,结果显示在高脑力负荷状态下,被试的飞行操作正确率显著下降($p<0.001$),而反应时间则延长($p=0.065$)。

表 4.2　被试对异常信息的正确操作率和平均反应时间(均值 ± 标准偏差)

| 飞行状态 | 飞行操作正确率/% | 平均反应时间/ms |
| --- | --- | --- |
| 高负荷 | 68.67±13.96 | 741.62±58.01 |
| 低负荷 | 94.13±5.31 | 695.36±77.40 |

### 4.3.2　ERP 结果

由图 4.2 和图 4.3 可以看出,MMN 和 P3a 的幅值在不同脑力负荷条件下均存在明显差异,以额中央部最为明显。针对额中央的 9 导电极,对 MMN(测量时间窗为 100~200ms)和 P3a(测量时间窗为 200~300ms)成分的峰值进行三因素重复测量的方差分析。

1. MMN 成分统计结果

对于 MMN-1 成分，三因素重复测量的方差分析表明，脑力负荷主效应显著($p<0.001$)，表现为高脑力负荷条件下的 MMN 峰值($-2.828\mu V$)显著高于低脑力负荷条件下的 MMN 峰值($-1.637\mu V$)，低脑力负荷条件下的 MMN 峰值($-1.637\mu V$)显著高于对照脑力负荷条件下的 MMN 峰值($-0.178\mu V$)。脑区主效应也是显著的($p<0.001$)。图 4.2 呈现出明显的额区电压优势效应，具体表现为额区的 MMN 峰值($-1.832\mu V$)显著高于额中央区的 MMN 峰值($-1.561\mu V$)，额中央区的 MMN 峰值($-1.561\mu V$)显著高于中央区的 MMN 峰值($-1.250\mu V$)。脑侧的主效应不显著($p=0.432$)。无交互效应达到显著性水平($p>0.05$)。

对于 MMN-2 成分，三因素重复测量的方差分析结果显示，脑区的主效应显著($p=0.024$)，具体表现为额区的 MMN 峰值($-3.783\mu V$)显著高于额中央区的 MMN 峰值($-3.719\mu V$)，额中央区的 MMN 峰值($-3.719\mu V$)显著高于中央区的 MMN 峰值($-3.454\mu V$)。脑力负荷和脑侧的主效应均不显著($p>0.05$)。无交互效应达到显著性水平($p>0.05$)。

2. P3a 成分统计结果

对于 P3a-1 成分，三因素重复测量的方差分析表明，脑力负荷主效应显著($p<0.001$)，表现为高脑力负荷条件下的 P3a 峰值($0.592\mu V$)低于低脑力负荷条件下的 P3a 峰值($1.592\mu V$)，低脑力负荷条件下的 P3a 峰值($1.592\mu V$)显著低于对照脑力负荷条件下的 P3a 峰值($2.956\mu V$)。脑区主效应也是显著的($p=0.009$)，呈现出中央区电压优势效应，具体表现为中央区($1.904\mu V$)、额中央区($1.714\mu V$)、额区($1.523\mu V$)的 P3a 峰值依次显著降低。脑侧主效应不显著($p>0.05$)。无交互效应达到显著性水平($p>0.05$)。

对于 P3a-2 成分，三因素重复测量的方差分析表明，脑力负荷主效应显著($p=0.015$)，表现为高脑力负荷条件下的 P3a 峰值($3.629\mu V$)显著低于对照脑力负荷条件下的 P3a 峰值($6.141\mu V$)。低脑力负荷条件下的 P3a 峰值($4.726\mu V$)与高脑力负荷条件下 P3a 峰值($3.629\mu V$)，以及对照脑力负荷条件下的 P3a 峰值($6.141\mu V$)相比均不显著($p>0.05$)。脑区的主效应也是显著($p<0.001$)的，并呈现出中线电压优势效应。具体表现为中线位置的 P3a 峰值($5.482\mu V$)显著高于左侧脑区($4.438\mu V$)

和右侧脑区(4.575μV)的 P3a 峰值。无交互效应达到显著性水平($p>0.05$)。

## 4.4　讨　　论

### 4.4.1　行为绩效结果

行为绩效数据表明，被试在高、低脑力负荷条件下的飞行绩效差异显著。具体表现为，在高脑力负荷状态下，实验被试的操作正确率显著降低，并且反应时间延长。这一结果支持认知负载理论，即知觉负荷能够在感知加工阶段影响注意资源的分配[120, 121]。在高脑力负荷条件下，被试需要同时处理的信息量增多，因此平均分配在每个信息上的注意资源减少，导致正确操作率的下降，并且随着信息量的增加，被试对单个信息的注视频率降低，导致反应时间延长。

### 4.4.2　对 ERP 结果的讨论

1. 对 MMN 成分的讨论

大脑对信息的自动加工属于不受意识控制的加工，是认知过程的重要组成部分之一，而行为自动化是大脑对信息自动加工后的结果[108, 122]。飞行员在面临复杂多变的空域情况时，仍然能够灵活操作，同时完成掌握飞行姿态、观察空域、控制飞行速度、飞行高度等多项操作任务，即与飞行员对部分信息能够做到自动化加工密切相关。

许多研究表明，MMN 成分是反映大脑信息自动加工的、可靠的客观性指标。本书通过测试三种脑力负荷水平下 MMN 成分的峰值，发现随着脑力负荷的增加出现逐级性的显著提高。实验结果与初期研究结果相符[120]，并且与文献[123]～[125]的研究结果一致。实验结果支持 Lavie 提出的认知控制负载理论，说明在飞行模拟条件下，随着脑力负荷的逐步增加，实验被试对非任务(声音刺激)相关信息的自动加工能力增强了。在高脑力负荷条件下，被试对外界听觉信息的变化更为敏感，或者阈值降低，表明被试在高脑力负荷条件下对非随意注意通道无意义信息的门控能力下降，使这些信息被纳入加工机制，抑制大脑对有用信息的有效加工，可能导致被试人员对目标信息注意能力的下降，反映在实验行为绩效结果上，即被试的操作绩效显著降低。如果是在实际的飞行任务中，可能导致飞机驾驶人为失误现象和发生空中交通事故可能性的增加。

## 2. 对 P3a 成分的讨论

相关研究表明，P3a 是朝向反应的重要指标。朝向反应属非随意注意。其注意对象原非心理活动的指引者，但因具有足够的新异性和刺激强度而获得注意。朝向反应能够使机体觉知并应对不测事件，使之优先进入认知加工进程，对机体具有重要的保护意义[103, 104, 118, 119]。在执行飞行任务的过程中，为及时、准确、全面地获取飞行信息，飞行员的随意注意与非随意注意活动同时并存，自下而上与自上而下的信息加工机制互为补充。同时，由于非随意注意往往是在周围环境发生变化时产生的，例如突然出现的视觉异常信息或告警音等，因此基于非随意注意的信息加工机制有助于对作业人员的机体产生保护作用，避免其遭到意外伤害[103, 126]。

P3a 成分的峰值随着脑力负荷的增加发生逐级性的显著减低，提示被试在高脑力负荷条件下的非随意注意能力减弱。这一点从脑电压地形图上也可以获得验证。从图 4.2 可以看出，P3a 成分在对照脑力负荷条件下呈现出明显的中央区电压优势效应，但是随着脑力负荷的增加而发生明显的活性降低。因此，增加脑力负荷可能会降低作业人员对危险信号的觉察判断能力，导致作业人员在飞行作业任务时不能及时有效地应对突发状况，对飞行安全造成潜在威胁。

在本书中，新异刺激诱发的 MMN 和 P3a 成分对于评价高低负荷不敏感，原因可能是实验采用的新异刺激的新异程度过高，产生过强的注意朝向效应，从而削弱负荷因素的影响。

## 4.5　小　　结

本章结合飞行模拟任务，以正确操作率、反应时间和两种 ERP 成分为指标，对实验设定的需要监视的仪表数量和异常信息，采用三刺激 Oddball 模式开展三级脑力负荷的测量与评价研究，并获得以下结论。

(1) MMN 成分的峰值对脑力负荷变化敏感。随着脑力负荷的增加，MMN 的峰值显著变大，反映了被试对异常信息的自动加工能力的提高。

(2) P3a 成分的峰值对脑力负荷变化敏感。随着脑力负荷的增加，P3a 的峰值显著变小，反映了被试朝向注意能力的减弱。

(3) 由偏差刺激和新异刺激诱发的 MMN 和 P3a 成分均具有一定的任务负荷效应。其中，由偏差刺激诱发的 MMN 与 P3a 成分对与飞行任务相关的脑力负荷具有更好的敏感性，可用于进一步的脑力负荷分级评价。

# 第5章 心电指标与脑力负荷及其建模

## 5.1 实 验 目 的

随着飞行自动化程度的提高，飞行员在飞机座舱人机交互系统中的主要职能已从以手工操纵者为主转变为以飞机运行状态的监控者为主。这一角色的转变使飞行员的脑力负荷大大加重，特别是出现飞行特情需要处置时[4]。因此，在飞机座舱人机界面设计阶段，通过准确评价、定量分级，甚至预测飞行员在不同显示界面下的脑力负荷，对于优化人机界面脑力任务设计和人机功能分配有重要的作用，对于预防航空事故，保障航空安全具有重要的现实意义。

对于飞机座舱人机界面脑力负荷的测量和评价，国内外相关研究人员开展了一系列研究，采用的方法有主观评价法、绩效测评法(包括主任务测评法和次任务测评法)、生理测评法[66]。研究表明，不同的测评方法适用于不同的任务情境和脑力负荷水平，试图以一种指标来全面地反映不同任务条件下的脑力负荷状况是不现实的。因此，利用多种技术对脑力负荷做综合评估，替代基于单一方法或指标的评估是比较合理的选择。同时，脑力负荷的多维度特性也决定了对其作综合评估的必要性。相关研究多以单一指标的测量结果为依据，采用一定的建模技术进行综合评估[47, 99, 127, 128]，如因素分析、回归分析和人工神经网络建模等[100]。与其他建模技术相比，Bayes 的 Fisher 判别分析方法能够有效用于类别的判别和预测，并保留所选指标，对防止信息的丢失和判别结果的稳定性较好[115]，因此本书尝试使用 Fisher 判别分析方法进行理论建模。

借鉴国外已有的多指标综合评估方法在脑力负荷测评中的应用，同时考虑NASA_TLX 量表评估脑力负荷的全面性[75]、心电测量技术的无侵入性和实时性[129, 130]，以及绩效测量的直接性[66]等优势，本书结合飞行异常状态下飞行员处理异常信息过程的特点，通过使用飞行模拟器开展实验，探索绩效测量(反应时和正确率)、主观评价(NASA_TLX 量表)和生理测量(HR 和 HRV)这三类指标对飞行作业过程中飞行员脑力负荷变化的敏感性和诊断性，然后筛选脑力负荷评估指标的评价结果构建脑力负荷状态判别模型，以达到对飞机座舱人机界面设计中的脑力任务进行科学评价、定量分级和预测的目的。

## 5.2　实　验　测　量

### 5.2.1　被试

被试为北京航空航天大学 16 名在地面飞行模拟器上接受过培训的飞行学员(23～25 岁，平均年龄 24.2 岁)，身体健康，无睡眠障碍，右利手，视力或矫正视力正常。为确保实验心电数据的客观性，实验前 12h 所有被试均不饮含咖啡因、酒精的饮料，不服用任何药物，不进行剧烈运动，不吸烟；实验前 1h 所有被试未进食任何生冷食物且未进行激烈运动，无主观不适。实验前对被试进行模拟飞行培训，使其了解实验过程、熟悉实验操作方法和要求。

### 5.2.2　实验平台与环境

使用地面飞行模拟器开展飞行模拟任务和生理测量。实验场景如图 5.1 所示。在整个实验过程中，飞机座舱舱门关闭，保持实验环境安静。被试进入实验台，静坐 5～10min，待心跳平稳后开始实验。密闭座舱内实验环境光照条件良好，温度保持(25±2)℃，噪声 20～30dB。

图 5.1　实验场景

### 5.2.3 实验任务

被试需要在地面飞行模拟器上完成完整的动态飞行过程。一次飞行模拟实验时间约为 830s。实验通过设定所需监视的仪表信息数量、异常信息的呈现时间和间隔时间来控制被试的脑力负荷水平。其中各个异常信息的平均呈现时间均设置为 2s，间隔时间随机。被试要在飞行模拟过程中监视平视显示器上的仪表显示状态，并对异常信息进行识别、判断、响应操作。四种脑力负荷水平下的异常信息参数设置如表 5.1 所示。

**表 5.1　四种脑力负荷水平下的异常信息参数设置**

| 仪表信息 | 异常设置 | 脑力负荷 | | | |
| --- | --- | --- | --- | --- | --- |
| | | 对照 | 低 | 中 | 高 |
| 空速 | 超过 400n mile/h | 0 | 1 | 1 | 1 |
| 俯仰角 | 超过 20° | 0 | 1 | 1 | 1 |
| 气压高度 | 超过 10000ft | 0 | 1 | 1 | 1 |
| 滚转角 | 超过 20° | 0 | 0 | 1 | 1 |
| 航向角 | 超过 50° | 0 | 0 | 1 | 1 |
| 方向舵状态 | Abnormal | 0 | 0 | 1 | 1 |
| 发动机状态 | Abnormal | 0 | 0 | 0 | 1 |
| 起落架状态 | Abnormal | 0 | 0 | 0 | 1 |
| 副翼位置 | Abnormal | 0 | 0 | 0 | 1 |

注：0 表示在该脑力负荷下，仪表显示正常；1 表示在该脑力负荷下，仪表显示随机出现异常。

### 5.2.4 实验过程

本书将脑力负荷划分为四个等级，即高负荷、中负荷、低负荷、对照负荷。实验采用完全被试内设计，即 16 名被试人员均参与高、中、低、对照四种脑力负荷条件下的四次飞行模拟任务，采用类似拉丁方的实验设计，将高、中、低三种脑力负荷水平的实验顺序在被试中交叉平衡[116]。实验要求被试在飞行模拟过程中佩戴心电电极记录心电数据。被试在每执行一次飞行任务后休息 30min，并完成相应的 NASA_TLX 量表。

### 5.2.5　实验数据记录与分析

#### 1. 绩效数据记录

通过计算机编程，系统自动记录被试对异常信息的正确操作率和反应时间(从目标出现到异常信息响应之间的时间间隔)，并作为绩效评价指标。

#### 2. 心电数据记录

采用 FX-7402 十二道自动分析心电图机同步记录 ECG 信号，包括每 5min 内被试的 HR、R-R 间期时间序列，以及该时间段内心电图。电极位置按导联 II 放置。HR 的数值显示范围为 20~300 次/min，检测精度为±2 次/min，采样频率为 0.05~150Hz，波形记录速度为 25mm/s。

相关研究表明，HR 和 HRV 指标都能有效反映脑力负荷的敏感程度[98, 131, 132]。HRV 的频域指标反映的生理变化规律受数据提取时段长短的影响，有较大误差，并且其反映的生理变化规律的本质尚需深入研究[133]。相关研究也表明，一定时段(5min)内 R-R 间期的时域相关指标与频域相关指标之间存在显著的相关性[133]，因此本书确定 R-R 间期的时间序列为心电信号测量的关键指标。同时，分析 HR 和 HRV 的时域指标，包括 Mean HR、RRI Count、Mean RRI、Maximum RRI、Minimum RRI、Max/Min RRI、SDNN。

#### 3. 主观评价数据记录与分析

为消除短时记忆的影响，实验要求被试在每完成高、中、低三种脑力负荷水平中的一种飞行任务后的 30min 内完成 NASA_TLX 量表[134]。NASA_TLX 量表由 6 个条目组成，即脑力需求、体力需求、时间需求、努力程度、业绩水平、受挫程度。量表对每一条目均附有详细的文字说明[11, 17]。为便于被试更加准确有效地完成主观评价，本书将标准 NASA_TLX 量表中每一条目的刻度线数值化改为 0~100 的分值，其中 0 表示最低，100 表示最高。被试根据自己对飞行任务脑力负荷程度的主观感受对每一条目进行打分，然后将 6 个条目进行两两比较，选出每对中对总脑力负荷贡献更大的那一条目，根据每一条目被选中的次数对 6 个条目进行排序，确定其对总脑力负荷的权重；最后对 6 个条目进行加权平均求出总脑力负荷的分值。采用 SPSS 17.0 统计软件对上述数据进行重复测量的方差分析。

## 5.3　实　验　结　果

### 5.3.1　绩效测评结果

在高、中、低三种不同脑力负荷水平下，各评估指标在四种脑力负荷水平下的测量值如表 5.2 所示。在三种脑力负荷状态下，对正确操作率和反应时分别进行单因素重复测量的方差分析，结果表明脑力负荷的主效应均显著($p<0.001$)。随着脑力负荷的增加，绩效水平显著下降。具体表现为，在高、中、低脑力负荷水平下，被试的正确率依次降低($p<0.001$)，而反应时间却依次升高($p<0.001$)。

表 5.2　各评估指标在四种脑力负荷水平下的测量值(均值±标准差)

| 测量指标 | 脑力负荷 | | | |
|---|---|---|---|---|
| | 对照 | 低 | 中 | 高 |
| Accurate | — | 97.44±2.78 | 82.56±7.37 | 75.22±6.66 |
| Respond Time | — | 754.39±85.89 | 956.19±97.49 | 1033.79±79.26 |
| NASA_TLX Total Score | — | 55.02±10.20 | 65.63±6.96 | 75.41±7.05 |
| Mean HR | 74.88±10.90 | 74.88±11.03 | 76.19±12.76 | 78.06±13.15 |
| RRI Count | 374.00±56.71 | 375.31±55.39 | 382.06±64.31 | 390.75±64.45 |
| Maximum RRI | 958.50±152.29 | 955.50±151.18 | 925.00±144.44 | 906.50±143.56 |
| Minimum RRI | 660.00±80.89 | 648.50±119.70 | 642.75±167.78 | 614.75±153.48 |
| Mean RRI | 796.75±105.22 | 801.44±112.56 | 794.63±120.76 | 770.38±110.27 |
| Max/Min RRI | 1.45±0.12 | 1.51±0.41 | 1.56±0.67 | 1.60±0.68 |
| SDNN | 53.38±17.35 | 49.06±18.53 | 43.31±18.22 | 40.88±19.33 |

### 5.3.2　主观评价结果

基于 NASA_TLX 量表的主观评价结果，对其进行单因素重复测量的方差分析(表 5.2)，结果显示脑力负荷的主效应是显著的($p<0.001$)，并且随着脑力负荷的增加，NASA_TLX 的主观评价分值逐渐增大。比较结果表明，低脑力负荷水平

下的主观评价分值显著低于中脑力负荷($p<0.001$)，中脑力负荷下的主观评价分值显著低于高脑力负荷($p<0.001$)。

### 5.3.3　心电评价结果

各评估指标在四种脑力负荷水平下的测量值如表 5.2 所示。可以看出，随着脑力负荷的增加，Mean HR、RRI Count、Max/Min RRI 呈现增加的趋势，而 Maximum RRI、Minimum RRI、SDNN 呈现降低的趋势。重复测量的方差分析结果显示，在四种不同脑力负荷条件下，仅 Maximum RRI 和 SDNN 表现出显著性差异。

对于 Maximum RRI，单因素重复测量的方差分析结果显示，脑力负荷的主效应显著($p=0.032$)。比较结果显示，对照脑力负荷水平下的 Maximum RRI 值显著高于高脑力负荷($p=0.032$)，低脑力负荷下 Maximum RRI 值显著高于高脑力负荷($p=0.040$)。其余脑力负荷条件下，两两相比均无显著性差异($p>0.05$)。

对于 SDNN，单因素重复测量的方差分析结果显示，脑力负荷的主效应显著($p<0.001$)。比较结果显示，对照脑力负荷水平下 SDNN 值显著高于低脑力负荷($p=0.033$)、中脑力负荷($p<0.001$)和高脑力负荷($p=0.001$)，低脑力负荷下 SDNN 值显著高于中脑力负荷($p=0.001$)和高脑力负荷($p=0.006$)，中脑力负荷水平下 SDNN 值高于高脑力负荷，但其差异性并不显著($p=0.385$)。

由此可见，SDNN 和 Maximum RRI 是对脑力负荷变化敏感的指标，而 SDNN 对不同脑力负荷的诊断性优于 Maximum RRI，可进一步用于对不同脑力负荷等级之间的划分。

## 5.4　建　　模

### 5.4.1　建模方法

基于实验测量的分析结果，使用 Bayes 和 Fisher 线性判别分析方法[115]构建飞机座舱显示界面脑力负荷判别模型，并用于座舱显示界面脑力负荷等级的判定。为了保证判别的全面性，本书采用一般判别分析法(全因素分析法)。判别模型包括主观评价、飞行作业绩效、SDNN。

### 5.4.2　模型的确立

实验构建的多维综合判别预测模型如图 5.2 所示。判别方程为

$$y_1=1.019x_1+1.010x_2+574.625x_3+601.659x_4-568.158 \tag{5.1}$$

$$y_2=1.106x_1+1.196x_2+622.427x_3+571.071x_4-597.648 \tag{5.2}$$

$$y_3=1.174x_1+1.418x_2+633.388x_3+549.668x_4-610.753 \tag{5.3}$$

其中，$y_1$、$y_2$、$y_3$ 分别为低、中、高脑力负荷水平的判别函数值；$x_1$ 为 HRV 指标 SDNN 数值；$x_2$ 为 NASA_TLX 主观评价分值；$x_3$ 为对异常信息的反应时间；$x_4$ 为对飞行异常信息操作的正确率。

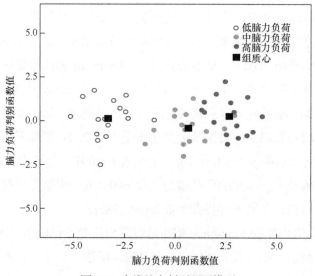

图 5.2　多维综合判别预测模型

根据 $x_1$、$x_2$、$x_3$、$x_4$ 的数值分别进行计算并比较 $y_1$、$y_2$、$y_3$ 的值，若 $y_1$ 的值最大，则认为被试处于低脑力负荷水平；若 $y_2$ 的值最大，则认为被试处于中脑力负荷水平；若 $y_3$ 的值最大，则认为被试处于高脑力负荷水平。

### 5.4.3　模型有效性检验

采用回代检验法和交叉检验法验证模型的有效性。回代检验法是将测得的 48 组被试样本数据回代到判别函数中，以便评价等级判定和预测的准确率。回代检验法判别预测结果如表 5.3 所示。交叉检验法是在 47 个样本数据基础上建立判别模型，并用该模型预测剩余的 1 个样本类别变量取值，所有样本依次循环检验 1 次，共进行 48 次。交叉检验法判别预测结果如表 5.4 所示。

表 5.3　回代检验法判别预测结果

| 实际类别 | 预测类别 | 实际类别 | 预测类别 | 实际类别 | 预测类别 |
|---|---|---|---|---|---|
| 1 | 1 | 2 | 2 | 3 | 3 |
| 1 | 1 | 2 | 2 | 3 | 3 |
| 1 | 1 | 2 | 2 | 3 | 3 |
| 1 | 1 | 2 | 2 | 3 | 3 |
| 1 | 1 | 2 | 2 | 3 | 3 |
| 1 | 1 | 2 | 2 | 3 | 3 |
| 1 | 1 | 2 | 2 | 3 | 3 |
| 1 | 1 | 2 | 2 | 3 | 3 |
| 1 | 1 | 2 | 2 | 3 | 3 |
| 1 | 1 | 2 | 2 | 3 | 2 |
| 1 | 1 | 2 | 3 | 3 | 3 |
| 1 | 2 | 2 | 3 | 3 | 3 |
| 1 | 1 | 2 | 2 | 3 | 3 |
| 1 | 1 | 2 | 2 | 3 | 2 |
| 1 | 1 | 2 | 2 | 3 | 3 |
| 1 | 1 | 2 | 2 | 3 | 3 |

注：1 表示低脑力负荷水平；2 表示中脑力负荷水平；3 表示高脑力负荷水平。

表 5.4　交叉检验法判别预测结果

| 实际类别 | 预测类别 | 实际类别 | 预测类别 | 实际类别 | 预测类别 |
|---|---|---|---|---|---|
| 1 | 1 | 2 | 2 | 3 | 3 |
| 1 | 1 | 2 | 1 | 3 | 3 |
| 1 | 1 | 2 | 2 | 3 | 3 |
| 1 | 1 | 2 | 2 | 3 | 3 |
| 1 | 1 | 2 | 2 | 3 | 3 |
| 1 | 1 | 2 | 2 | 3 | 3 |
| 1 | 1 | 2 | 2 | 3 | 3 |
| 1 | 1 | 2 | 2 | 3 | 3 |
| 1 | 1 | 2 | 2 | 3 | 3 |
| 1 | 1 | 2 | 2 | 3 | 2 |
| 1 | 1 | 2 | 3 | 3 | 3 |
| 1 | 2 | 2 | 3 | 3 | 3 |
| 1 | 1 | 2 | 2 | 3 | 3 |
| 1 | 1 | 2 | 1 | 3 | 2 |
| 1 | 1 | 2 | 2 | 3 | 3 |
| 1 | 1 | 2 | 2 | 3 | 3 |

注：1 表示低脑力负荷水平；2 表示中脑力负荷水平；3 表示高脑力负荷水平。

由此可知，采用一般判别分析法，使用回代检验和交叉检验两种方法的平均判别预测准确率分别为89.58%和85.42%，其中低负荷与其他负荷之间的判别准确率均为93.75%，中负荷和其他负荷之间的判别预测准确率为87.50%和75.00%，高负荷和其他负荷之间的判别预测准确率均为87.5%。中负荷和高负荷之间判别预测准确率略低于对低负荷的判别预测准确率。这和单因素重复测量方差分析是一致的，比较理想。这一判别结果与Fishel等[135]的研究结论一致。

# 5.5　讨　　论

## 5.5.1　三类评估指标对脑力负荷变化的敏感性

本书通过改变飞行任务的难度来控制脑力负荷水平，并测量不同脑力负荷水平下被试的飞行作业绩效(包括正确率和反应时)、生理指标(平均心率和HRV的6个成分)和主观评价(NASA_TLX量表)这三类评估指标。以此为基础，探讨脑力负荷与各个评估指标之间的关系。结果显示，飞行作业正确率、反应时、HRV的指标SDNN、NASA_TLX量表对飞行任务相关的脑力负荷的变化有显著的敏感性。

许多研究结果表明，HR和HRV相关指标均能有效反映飞行脑力负荷水平[29,136]。本书结果显示，HR检测无法有效反映脑力负荷。这与Wilson[29]的研究结论不一致，可能的原因是影响HR的主要因素是体力负荷，而本书的实验任务主要是诱发脑力负荷。本书同时探讨了HRV的6个时域指标对飞行任务相关的脑力负荷变化的敏感性问题。研究结果表明，仅SDNN对飞行任务相关的脑力负荷的变化有显著的敏感性，具体表现为随着脑力负荷的增加，SDNN数值逐级降低。这一结论与di Domenico等[129]研究的不同飞行操作任务对脑力负荷和绩效的影响的研究结果一致，与Lehrer等[75]在波音737-800模拟器上的研究结果也一致。这表明，HRV的时域指标SDNN能够有效评估飞机驾驶舱显示界面脑力负荷。

## 5.5.2　综合评估模型对脑力负荷变化的敏感性

抽取被试在3种不同脑力负荷状态下各个单一测量指标判别脑力负荷，并基于3种测量指标的综合评估模型判别脑力负荷，采用Bayes和Fisher线性判别分析方法判别它们对相应实验条件下脑力负荷水平的判别预测准确性。单一测量指标评估与综合评估结果的比较如表 5.5 所示。

回代检验法验证表明,多指标综合评估判别模型预测准确率最高(89.58%),其次为反应时指标(81.25%)、正确率指标(77.08%)、NASA_TLX 量表(64.58%),最后为 SDNN(39.58%)。交叉检验法验证表明,多指标综合评估判别模型预测准确率最高(85.42%),其次为反应时指标(79.17%)、正确率指标(77.08%)、NASA_TLX 量表(64.58%),最后为 SDNN(39.58%)。可见,两种检验方法的对比结果均表明,基于多指标综合评估判别模型对脑力负荷水平的判别预测准确率总体上高于单项指标的判别准确率。这说明,采用多指标综合评估模型对脑力负荷进行判别总体上比采用单一指标判别更为有效。在三种单项指标的判别方法中,反应时指标对脑力负荷水平的判别预测准确率相对较高。

表 5.5　单一测量指标评估与综合评估结果的比较

| 验证方法 | 评估指标 | 预测脑力负荷的准确率/% | | | |
| --- | --- | --- | --- | --- | --- |
| | | 低 | 中 | 高 | 平均 |
| 回代检验法 | 多指标综合 | 93.75 | 87.5 | 87.5 | 89.58 |
| | SDNN | 37.50 | 12.50 | 68.75 | 39.58 |
| | NASA_TLX 量表 | 68.75 | 43.75 | 81.25 | 64.58 |
| | 反应时 | 100.00 | 68.75 | 75.00 | 81.25 |
| | 正确率 | 93.75 | 62.50 | 75.00 | 77.08 |
| 交叉验证法 | 多指标综合 | 93.75 | 75.00 | 87.50 | 85.42 |
| | SDNN | 37.50 | 12.50 | 68.75 | 39.58 |
| | NASA_TLX 量表 | 68.75 | 43.75 | 81.25 | 64.58 |
| | 反应时 | 93.75 | 68.75 | 75.00 | 79.17 |
| | 正确率 | 93.75 | 62.50 | 75.00 | 77.08 |

### 5.5.3　研究意义与局限性

本书通过设置动态飞行过程中飞机座舱人机界面的异常姿态恢复任务,基于飞行模拟器开展实验,研讨绩效测量(正确率和反应时)、主观评价(NASA_TLX 量表)和生理测量(HR 和 HRV)这三类评估指标对飞行作业过程中飞行员脑力负荷变化的敏感性,然后采用经筛选的脑力负荷评估指标,基于 Bayes 和 Fisher 线性判别方法构建脑力负荷状态判别预测模型。研究的意义在于,提供了如何通过实验测量,筛选相应的敏感指标,进而逐步建立飞行作业过程中脑力负荷变化的综合判别预测方法。该方法有助于对飞机座舱人机界面设计中的脑力任务设计进行较为准确地定量分级评价和预测。然而，脑力负荷评估指标的敏感性及其变化特点可能随着作业性质的不同，呈现不一样的情况。在实际运用本书的判别预测建模方法时，应根据不同性质的飞行作业任务，对构建的判别预测模型作出适当调整。

本书的方法还存在一定的局限性，首先是被试与有经验的飞行员有较大差别；其次是模拟飞行与真实飞行过程，飞行应激任务的设置与真实飞行情境有一定的差异。这些因素会在一定程度上影响预测模型的精度。在后续研究中，我们将结合更加真实的飞行环境和飞行任务对飞行员的脑力负荷进行测量，构建一个更为合理的飞机座舱显示界面脑力负荷状态判别预测模型。

## 5.6　小　　结

在动态飞行模拟作业实验测量中，平均心率对脑力负荷变化不敏感。在 HRV 的 6 个成分，即 RRI Count、Maximum RRI、Minimum RRI、Mean RRI、Max/Min RRI、SDNN 中，仅 SDNN 对飞行任务相关的脑力负荷的变化有显著的敏感性，随着脑力负荷的增加，SDNN 的数值显著降低。

动态飞行模拟作业的正确率、反应时、HRV 指标的 SDNN、NASA_TLX 量表对飞行任务相关脑力负荷的变化有显著的敏感性。

回代检验法表明，基于 Bayes 和 Fisher 线性判别方法构建的多指标综合判别模型预测准确率最高(89.58%)，其次为反应时指标(81.25%)、正确率指标(77.08%)、NASA_TLX 量表(64.58%)，最后为 SDNN(39.58%)。

交叉检验法表明，基于 Bayes 和 Fisher 线性判别方法构建的多指标综合判别模型预测准确率最高(85.42%)，其次为反应时指标(79.17%)、正确率指标(77.08%)、NASA_TLX 量表(64.58%)，最后为 SDNN(39.58%)。

# 第6章　基于多生理指标的脑力负荷判别预测模型

## 6.1　实　验　目　的

在实际飞行任务(特别是高机动性军事飞行任务)中，地面指挥系统需要实时的脑力负荷判别预测模型，实现对飞行员脑力负荷状态的实时监控、分析、预测，从而针对预期可能出现的飞行员脑力负荷超载情况提出实时、有效的解决方案，降低航空事故或事故征候的发生概率。

在传统的脑力负荷测评方法中，应用最为广泛的是 NASA_TLX 量表主观评价方法。NASA_TLX 量表能够从脑力需求、体力需求、时间需求、努力程度、业绩水平、受挫程度等 6 个维度对脑力负荷进行全面评估[1]。然而，NASA_TLX 量表主观评价方法需要在飞行实验后才能进行，这给早期飞机驾驶舱人机交互系统设计的测评工作带来困难，一旦发现问题就必须对系统进行重新设计，然后再次试飞后开展 NASA_TLX 量表主观评价。这必将造成人力、财力和物力的极大浪费和消耗。此外，由于个体间的差异较大，NASA_TLX 量表主观评价方法的评定结果容易混淆。

生理测评方法也是评估飞机驾驶舱显示界面脑力负荷的另一种重要方法。生理测评指标具有客观性和实时性等优势，因此日益受到重视。生理测评方法主要有脑电、眼电、心电[80]。飞行模拟机上的研究结果表明，ERP 测量方法中的 MMN 指标、P3a 指标[5]，以及 ECG 测量方法中的 SDNN 指标[137]均能有效反映不同难度飞行任务下被试的脑力负荷状态。

现有的研究表明，任何单一的生理测量指标在评估脑力负荷方面都有其优势与局限性。脑力负荷本身具有多维度特性，不同的生理测量指标可能适用于评估某一维度的脑力负荷水平，但是无法全面地评估不同飞行任务条件下的脑力负荷状况。因此，综合采集多种生理测量指标对脑力负荷做综合评估以替代基于单一生理指标的评估是比较合理的选择，也可能是未来脑力负荷评估方法的一个发展趋势。

本书综合采用 EEG、ECG 和 EOG 三类生理测量法，在飞行模拟任务条件下开展脑力负荷的实验测量与理论建模研究，并最终建立脑力负荷判别预测的生理模型，以达到对飞机驾驶舱人机交互过程中的脑力负荷等级变化进行准确、实时、客观预测的目的。

# 6.2　实　验　方　法

## 6.2.1　被试

被试为 14 名来自北京航空航天大学航空学院的研究生(男性，22~28 岁，平均年龄 24.6 岁)，右利手，视力或矫正视力正常，听力正常。实验前所有被试均在地面飞行模拟器上接受过良好的培训。其中一名被试的实验数据采集缺失，未进行数据统计分析。

## 6.2.2　实验任务

被试需要在飞行模拟器上完成以巡航任务为主，包括起飞和降落在内的完整动态飞行过程。实验通过设定所需监视的仪表数量、异常信息的呈现时间和间隔时间控制被试的脑力负荷水平。不同脑力负荷水平下的异常信息参数设置如表6.1 所示。

**表 6.1　不同脑力负荷水平下的异常信息参数设置**

| 仪表信息 | 异常设置 | 脑力负荷 | | |
| --- | --- | --- | --- | --- |
| | | 对照 | 低 | 高 |
| 空速 | 超过 400n mile/h | 0 | 1 | 1 |
| 俯仰角 | 超过 20° | 0 | 1 | 1 |
| 气压高度 | 超过 10000ft | 0 | 1 | 1 |
| 滚转角 | 超过 20° | 0 | 0 | 1 |
| 航向角 | 超过 50° | 0 | 0 | 1 |
| 方向舵状态 | Abnormal | 0 | 0 | 1 |

注：0 表示不需要被试保持监视，1 表示需要被试保持监视。

在高脑力负荷条件下，需要被试保持监视的仪表信息参数数量为 6 个(包括俯仰角、空速、气压高度、航向角、滚转角、方向舵状态)，异常信息的平均呈现时间为 1.5s，间隔时间随机；在低脑力负荷下，需要被试保持监视的仪表信息参数数量为 3 个(包括俯仰角、空速、气压高度)，异常信息的平均呈现时间为 2s，间隔时间随机；在对照脑力负荷条件下，无异常信息出现，被试保持监视的仪表信息参数数量为 0。

### 6.2.3　实验设计

实验对每个被试单独进行。实验前，被试完成一次完整的飞行任务(无异常信息出现)，以这次飞行任务的心电数据作为被试飞行任务心电数据的基础测量值(baseline)。然后，开始正式飞行任务实验。飞行任务分低、高等两种任务复杂水平。两种任务水平的实验顺序在被试之间做了平衡。为了记录 EEG、EOG、ECG 数据，实验过程中所有的被试都要佩戴 EEG 电极帽、心电电极、眼电电极。每次实验间隔 15～30min，其间被试完成 NASA_TLX 量表。

### 6.2.4　实验数据记录与分析

1. 绩效数据记录与分析

系统自动记录被试对异常信息的正确操作率和反应时间作为绩效评价指标。

2. 生理数据记录与分析

采用 FX-7402 十二道自动分析心电图机同步记录 ECG 信号，记录的数据为每 5min 时间内被试的 R-R 间期时间序列。电极位置按导联 II 放置，采样频率为 0.05～150Hz，波形记录速度为 25mm/s。前期研究表明，HRV 的时域指标 R-R 间期的标准差能够有效反映脑力负荷的敏感程度[137]。因此，本书将分析 HRV 的时域指标 R-R 间期的标准差。

本书采用 Neuroscan Neuamps 系统记录被试的脑电信号。前期研究表明，ERP 指标中 MMN 的峰值和 P3a 的峰值对与飞行任务相关的脑力负荷的变化较为敏感[5]。因此，对 ERP 指标进行分析时，我们继续使用偏差刺激的 ERP 减去标准刺激的 ERP，得到由声音频率变化诱发的 MMN 和 P3a，并对其峰值进行分析。

相关研究结果表明，EOG 测量指标中的眨眼次数指标与脑力负荷水平密切相关[66]，因此本书同时采集被试的水平眼电和垂直眼电，获得被试在不同难度飞行任务下的眨眼次数，进而研究眨眼次数对脑力负荷的敏感性及其在判别预测模型中的使用情况。

### 3. 主观评价数据记录与分析

采用 NASA_TLX 量表进行主观评价，将原始 NASA_TLX 量表中每一条目的刻度线数值改为分值，即 0～100，0 表示最低，100 表示最高。分值越大，脑力负荷越大。

采用 SPSS 17.0 统计软件包对绩效数据、三类生理数据，以及主观评价数据分别进行单因素重复测量的方差分析。

## 6.3　实　验　结　果

### 6.3.1　飞行作业绩效测评结果

在高、低两种不同脑力负荷状态下，被试对飞行异常信息的正确操作率和反应时间如表 6.2 所示。单因素重复测量的方差分析结果表明，脑力负荷的主效应显著($p<0.001$)。具体表现为，随着脑力负荷的增加，被试的正确操作率显著下降($p<0.001$)，反应时间显著延长($p=0.004$)。

**表 6.2　高、低脑力负荷下的正确操作率和反应时间**(均值±标准差)

| 脑力负荷 | 正确操作率/% | 反应时间/ms |
|---|---|---|
| 高 | 74.14±5.67 | 862.47±52.67 |
| 低 | 97.88±1.75 | 809.18±67.52 |

### 6.3.2　主观测评结果

高、低脑力负荷下被试的主观测评结果如表 6.3 所示。结果表明，脑力负荷主效应显著($p<0.001$)。具体表现为，随着脑力负荷的增加，NASA_TLX 量表的主观评价分值显著增高($p<0.001$)。

**表 6.3　高、低脑力负荷下被试的主观测评结果**(均值±标准差)

| 脑力负荷 | 主观评价 |
|---|---|
| 高 | 65.39±5.27 |
| 低 | 57.10±4.78 |

### 6.3.3　生理指标测评结果

各生理测评指标在三种不同脑力负荷等级下的测量值如表 6.4 所示。

**表 6.4　各生理测评指标在三种不同脑力负荷等级下的测量值**(均值±标准差)

| 各测量指标 | 脑力负荷 | | |
|---|---|---|---|
| | 对照 | 低 | 高 |
| MMN/μV | −2.17±2.30 | −3.04±2.39 | −4.29±2.94 |
| P3a/μV | 4.27±4.94 | 1.68±1.61 | 0.42±2.17 |
| SDNN | 58.38±15.53 | 49.23±13.51 | 40.77±10.73 |
| 眨眼次数 | 129.92±88.00 | 113.69±96.92 | 61.15±55.27 |

在脑电评价指标中，对 MMN 成分(Fz 电极处)的峰值而言，单因素重复测量的方差分析方法结果显示，脑力负荷的主效应显著($p= 0.008$)。进一步，成对比较结果显示，对照组脑力负荷状态下 MMN 成分(Fz 电极处)的峰值低于($p=0.171$)低脑力负荷状态下 MMN 成分(Fz 电极处)的峰值，对照组脑力负荷状态下 MMN 成分(Fz 电极处)的峰值显著低于($p=0.013$)高脑力负荷状态下 MMN 成分(Fz 电极处)的峰值，低脑力负荷下 MMN 成分(Fz 电极处)的峰值显著低于($p= 0.035$)高脑力负荷下 MMN 成分(Fz 电极处)的峰值。

对 P3a 成分(Fz 电极处)的峰值而言，单因素重复测量的方差分析方法结果显示，脑力负荷的主效应显著($p=0.033$)。进一步，成对比较结果显示，对照组脑力负荷状态下 P3a 成分(Fz 电极处)的峰值高于($p=0.09$)低脑力负荷状态下 P3a 成分(Fz 电极处)的峰值，对照组脑力负荷状态下 P3a 成分(Fz 电极处)的峰值显著高于($p=0.021$)高脑力负荷状态下 P3a 成分(Fz 电极处)的峰值，低脑力负荷下 P3a 成分(Fz 电极处)的峰值显著高于($p=0.008$)高脑力负荷下 P3a 成分(Fz 电极处)的峰值。

在心电评价指标中，对 SDNN 而言，单因素重复测量的方差分析方法结果显示，脑力负荷的主效应显著($p<0.001$)。进一步，成对比较结果显示，对照组脑力负荷状态下 SDNN 的值显著高于($p=0.023$)低脑力负荷状态下 SDNN 的值，对照组脑力负荷状态下 SDNN 的值显著高于($p=0.002$)高脑力负荷状态下 SDNN 的值，低脑力负荷下 SDNN 的值显著高于($p=0.013$)高脑力负荷下 SDNN 的值。

在眼电评价指标中，对眨眼次数指标而言，单因素重复测量的方差分析方法结果显示，脑力负荷的主效应显著($p=0.002$)。进一步，成对比较结果显示，对照组脑力负荷状态下眨眼次数的值高于($p= 0.374$)低脑力负荷状态下眨眼次数的值，对照组脑力负荷状态下眨眼次数的值显著高于($p=0.004$)高脑力负荷状态下眨眼次数的值，低脑力负荷下眨眼次数的值显著高于($p=0.003$)高脑力负荷下眨眼次数的值。

## 6.4 建 模

### 6.4.1 建模方法

选取被试在两种不同脑力负荷状态下的各个单一生理测量指标(4 个)、各生理指标之间两两组合(6 个)、三生理指标组合(4 个)，以及四生理指标组合(1 个)，分别采用 Bayes 和 Fisher 线性判别分析方法，构建基于生理指标的飞机驾驶舱显示界面脑力负荷等级判别预测模型。

### 6.4.2 模型的确立及使用说明

采用眼电指标(Eye Blink)和脑电指标(P3a)构建的判别方程组为

$$\begin{cases} y_1 = 0.019x_1 - 0.515x_2 - 2.215 \\ y_2 = 0.010x_1 - 0.144x_2 - 1.032 \end{cases}$$

其中，$y_1$ 为低脑力负荷状态的判别函数值；$y_2$ 为高脑力负荷状态的判别函数值；$x_1$ 为眼电指标(Eye Blink)的值；$x_2$ 为脑电指标(P3a)的峰值。

根据 $x_1$ 和 $x_2$ 的值分别计算并比较 $y_1$ 和 $y_2$ 的值，若 $y_1$ 的值大，则认为被试处于低脑力负荷状态；若 $y_2$ 的值大，则认为被试处于高脑力负荷状态。

### 6.4.3 各类模型判别预测准确率的检验

采用回代检验法和交叉检验法检验相应实验条件下脑力负荷等级的判别预测准确率。回代检验法是将所测的 26 组被试样本数据回代到所构建的判别函数中，以便评价等级判定和预测的准确率。基于回代检验法的各类模型判别预测准确率比较如表 6.5 所示。交叉检验法是在其中 25 个样本数据的基础上建立判别预测模型，并用该模型预测剩余 1 个样本类别变量的取值，所有样本依次循环检验 1 次，共进行 26 次。基于交叉检验法的各类模型判别预测准确率比较如表 6.6 所示。

表 6.5  基于回代检验法的各类模型判别预测准确率比较

| 评估指标 | 预测脑力负荷的准确率/% | | |
|---|---|---|---|
| | 低 | 高 | 平均 |
| SDNN | 46.15 | 61.54 | 53.85 |
| MMN | 61.54 | 46.15 | 53.85 |
| Eye Blink | 46.15 | 69.23 | 57.69 |
| P3a | 69.23 | 53.85 | 61.54 |
| (SDNN，MMN) | 76.92 | 69.23 | 73.08 |

续表

| 评估指标 | 预测脑力负荷的准确率/% | | |
|---|---|---|---|
| | 低 | 高 | 平均 |
| (SDNN，Eye Blink) | 61.54 | 76.92 | 69.23 |
| (SDNN，P3a) | 61.54 | 61.54 | 61.54 |
| (MMN，Eye Blink) | 61.54 | 53.85 | 57.69 |
| (MMN，P3a) | 76.92 | 69.23 | 73.08 |
| (Eye Blink，P3a) | 76.92 | 84.62 | 80.77 |
| (SDNN，MMN，Eye Blink) | 69.23 | 84.62 | 76.92 |
| (SDNN，MMN，P3a) | 76.92 | 69.23 | 73.08 |
| (MMN，Eye Blink，P3a) | 69.23 | 69.23 | 69.23 |
| (Eye Blink，P3a，SDNN) | 61.54 | 84.62 | 73.08 |
| (SDNN，MMN，Eye Blink，P3a) | 69.23 | 84.62 | 76.92 |

表 6.6　基于交叉检验法的各类模型判别预测准确率比较

| 评估指标 | 预测脑力负荷的准确率/% | | |
|---|---|---|---|
| | 低 | 高 | 平均 |
| SDNN | 46.15 | 61.54 | 53.85 |
| MMN | 61.54 | 46.15 | 53.85 |
| Eye Blink | 46.15 | 69.23 | 57.69 |
| P3a | 69.23 | 53.85 | 61.54 |
| (SDNN，MMN) | 69.23 | 69.23 | 69.23 |
| (SDNN，Eye Blink) | 61.54 | 76.92 | 69.23 |
| (SDNN，P3a) | 61.54 | 61.54 | 61.54 |
| (MMN，Eye Blink) | 53.85 | 53.85 | 53.85 |
| (MMN，P3a) | 69.23 | 46.15 | 57.69 |
| (Eye Blink，P3a) | 69.23 | 76.92 | 73.08 |
| (SDNN，MMN，Eye Blink) | 61.54 | 69.23 | 65.38 |
| (SDNN，MMN，P3a) | 76.92 | 69.23 | 73.08 |
| (MMN，Eye Blink，P3a) | 69.23 | 46.15 | 57.69 |
| (Eye Blink，P3a，SDNN) | 61.54 | 69.23 | 65.38 |
| (SDNN，MMN，Eye Blink，P3a) | 61.54 | 69.23 | 65.38 |

　　回代检验法表明，对飞机驾驶舱显示界面脑力负荷等级进行判别预测，采用单个生理指标模型进行判别预测时，脑电指标(P3a)的判别预测准确率最高，对高、低两种脑力负荷的判别预测准确率分别为 53.85%和 69.23%，平均判别预测准确率为 61.54%。采用双生理指标综合模型进行判别时，眼电指标眨眼次数(Eye Blink)和脑电指标(P3a)组合的判别预测准确率最高。该组合对高、低两种脑力负荷的判别预测准确率分别为 84.62%和 76.92%，平均判别预测准确率为 80.77%。

采用三生理指标综合模型进行判别时，心电指标(SDNN)、脑电指标(MMN)、眼电指标(Eye Blink)组合的判别预测准确率最高。该组合对高、低两种脑力负荷的判别预测准确率分别为84.62%、69.23%，平均判别预测准确率为76.92%。采用四生理指标综合模型的判别方法中，心电指标(SDNN)、脑电指标(MMN 和 P3a)、眼电指标(Eye Blink)对高、低两种脑力负荷的判别预测准确率分别为 84.62%、69.23%，平均判别预测准确率为76.92%。

交叉检验法表明，对飞机驾驶舱显示界面脑力负荷等级进行判别预测，采用单个生理指标模型进行判别预测时，脑电指标(P3a)的判别预测准确率最高，其对高、低两种脑力负荷的判别预测准确率分别为53.85%和69.23%，平均判别预测准确率为 61.54%。采用双生理指标综合模型进行判别时，眼电指标(Eye Blink)和脑电指标(P3a)组合的判别预测准确率最高。该组合对高、低两种脑力负荷的判别预测准确率分别为76.92%、69.23%，平均判别预测准确率为73.08%。采用三生理指标综合模型进行判别时，心电指标(SDNN)和脑电指标(MMN 和 P3a)组合的判别预测准确率最高。该组合对高、低两种脑力负荷的判别预测准确率分别为69.23%、76.92%，平均判别预测准确率为73.08%。采用四生理指标综合模型的判别方法中，心电指标(SDNN)、脑电指标(MMN 和 P3a)、眼电指标(Eye Blink)对高、低两种脑力负荷的判别预测准确率分别为 69.23%和61.54%，平均判别预测准确率为65.38%。

从总体判别预测准确率来看，两种检验方法均表明，采用眼电指标(Eye Blink)和脑电指标(P3a)建立的双指标生理综合评估模型对飞机驾驶舱显示界面脑力负荷等级的判别预测准确率最高。基于回代检验法的检验结果，该综合评估模型对高、低负荷的判别预测准确率分别为84.62%和76.92%，平均判别预测准确率为80.77%。基于交叉检验法的检验结果，该综合评估模型的判别预测准确率在69.23%~76.92%之间，平均判别预测准确率为73.08%。

## 6.5 讨 论

### 6.5.1 三类评估指标对脑力负荷变化的敏感性

在本书中，NASA_TLX 量表的分值随着任务难度的增加而逐级显著增加。这与飞行任务相关的研究结果一致[75, 76, 134]。从被试主观的角度来看，实验中不同飞行任务难度之间的脑力负荷等级设置是有差异的，这符合实验的设置预期。

在本书中，被试的作业绩效随着任务难度的增加而逐级显著下降，具体表现为飞行作业正确率逐级显著下降，反应时间逐级显著延长。这一研究结果与前期研究结果一致，印证了 Williges 等提出的假设。Williges 等[62]提出在脑力负荷的研究中可以通过控制任务的难度改变任务负荷水平，并通过作业绩效指标检测任务难度的变化。这一结果同时也支持 Sweller[138]的认知负荷理论和 Lavie 等[139]的注意负荷理论。

在脑电指标方面，随着脑力负荷的增加，MMN 指标的峰值(Fz 电极处)显著增大。在心电指标方面，HRV 指标 SDNN 显著减小，随着脑力负荷的增加，SDNN 的数值也显著减小。在眼电指标方面，随着脑力负荷的增加，眨眼次数显著减小。

## 6.5.2  各模型评估结果的讨论

通过 6.4.2 节的两种检验方法，本书发现，在构建的各类生理综合模型中，由眼电指标眨眼次数和脑电指标组合，建立的双指标生理综合评估模型对飞机驾驶舱显示界面脑力负荷等级的判别预测准确率高于三生理指标综合评估模型和四生理指标综合评估模型。这一数学建模结果说明，在选择不同生理指标建立综合模型的过程中，并非选择的生理指标越多，模型的预测准确率就越高。应根据具体的飞机驾驶舱显示界面和脑力负荷飞行任务，建立多种不同组合的生理综合模型，通过比较各个模型的判别预测准确率可以得出更优的生理数学模型。

## 6.5.3  生理综合模型与 NASA_TLX 量表的比较

为检验双生理指标综合评估模型的工程应用价值，综合采用回代检验法和交叉检验法对双生理指标综合评估模型与工程领域常用的 NASA_TLX 量表的判别预测结果进行对比。

从表 6.7 所示的比较结果可知，回代检验法的检验结果表明，采用双生理指标综合评估模型和 NASA_TLX 量表两种方法的平均判别预测准确率分别为80.77%和 76.92%。对于低负荷的判别预测，两种方法的判别预测准确率相同，均为 76.92%。对于高负荷的判别预测，基于双生理指标的综合评估模型的判别预测准确率略高于基于 NASA_TLX 量表的判别预测准确率，两者的判别预测准确率分别为 84.62 和 76.92%。

**表 6.7　双生理指标综合评估模型与 NASA_TLX 量表评估结果的比较(回代检验法)**

| 被试编号 | 实际类别 | 基于双生理指标评估模型的预测类别 | 基于 NASA_TLX 量表的预测类别 | 实际类别 | 基于双生理指标评估模型的预测类别 | 基于 NASA_TLX 量表的预测类别 |
|---|---|---|---|---|---|---|
| 1 | 1 | 2 | 1 | 2 | 2 | 2 |
| 2 | 1 | 1 | 2 | 2 | 1 | 2 |
| 3 | 1 | 1 | 2 | 2 | 2 | 2 |
| 4 | 1 | 1 | 2 | 2 | 2 | 2 |
| 5 | 1 | 1 | 1 | 2 | 2 | 1 |
| 6 | 1 | 1 | 1 | 2 | 2 | 2 |
| 7 | 1 | 2 | 1 | 2 | 2 | 1 |
| 8 | 1 | 1 | 1 | 2 | 2 | 2 |
| 9 | 1 | 1 | 1 | 2 | 1 | 2 |
| 10 | 1 | 1 | 1 | 2 | 2 | 2 |
| 11 | 1 | 1 | 2 | 2 | 2 | 2 |
| 12 | 1 | 2 | 1 | 2 | 2 | 2 |
| 13 | 1 | 1 | 1 | 2 | 2 | 1 |

注：1 表示在低脑力负荷水平；2 表示高脑力负荷水平。

从表 6.8 所示的比较结果可知，两种方法的平均判别预测准确率相同，均为 76.92%。对于低负荷的判别预测，基于 NASA_TLX 量表的判别预测准确率略高于基于双生理指标的综合评估模型的判别预测准确率，两者的判别预测准确率分别为 76.92%和 69.23%。对于高负荷的判别预测，基于生理指标的综合评估模型的判别预测准确率略高于基于 NASA_TLX 量表的判别预测准确率，两者的判别预测准确率分别为 84.62%和 76.92%。

**表 6.8　双生理指标综合评估模型与 NASA_TLX 量表评估结果的比较(交叉检验法)**

| 被试编号 | 实际类别 | 基于双生理指标评估模型的预测类别 | 基于 NASA_TLX 量表的预测类别 | 实际类别 | 基于双生理指标评估模型的预测类别 | 基于 NASA_TLX 量表的预测类别 |
|---|---|---|---|---|---|---|
| 1 | 1 | 2 | 1 | 2 | 2 | 2 |
| 2 | 1 | 1 | 2 | 2 | 1 | 2 |
| 3 | 1 | 1 | 2 | 2 | 2 | 2 |
| 4 | 1 | 1 | 2 | 2 | 2 | 2 |
| 5 | 1 | 1 | 1 | 2 | 2 | 1 |
| 6 | 1 | 1 | 1 | 2 | 2 | 2 |
| 7 | 1 | 2 | 1 | 2 | 2 | 1 |
| 8 | 1 | 2 | 1 | 2 | 2 | 2 |
| 9 | 1 | 1 | 1 | 2 | 1 | 2 |
| 10 | 1 | 1 | 1 | 2 | 2 | 2 |
| 11 | 1 | 1 | 2 | 2 | 2 | 2 |
| 12 | 1 | 2 | 1 | 2 | 2 | 2 |
| 13 | 1 | 1 | 1 | 2 | 2 | 1 |

注：1 表示在低脑力负荷水平；2 表示高脑力负荷水平。

从总体分类判别预测准确率来看，采用双生理指标综合评估模型和 NASA_TLX 量表两种方法对飞机驾驶舱显示界面脑力负荷等级的平均判别准确率接近，分别为 78.85%和 76.92%。上述两种检验方法也表明，这两种方法均可在一定精确度范围内对高、低两种不同难度的飞机驾驶舱显示界面飞行任务中的脑力负荷水平进行等级划分。

由此可见，采用双生理指标综合评估模型对飞机驾驶舱显示界面脑力负荷作综合评估总体上有可能替代 NASA_TLX 量表评估方法。双生理指标综合评估模型不仅可以用于判别，还可有效用于实时客观预测，因此更适用于对飞机驾驶舱显示界面脑力负荷的等级评价。

### 6.5.4　研究的意义

通过设置动态飞行过程中所需监视的仪表数量和异常信息任务，综合采用多种生理指标测量开展飞行脑力负荷的实验测量与数学建模研究，并基于多生理指标建立脑力负荷判别预测模型。

根据飞行过程中实时采集的 ERP、ECG、EOG 等指标，结合飞机驾驶舱脑力负荷判别预测生理模型，能够实现对飞行员脑力负荷状态的实时监控、分析，以及预测，从而针对预期可能出现的飞行员脑力负荷超载情况提出实时、有效的解决方案，降低航空事故或事故征候的发生概率。

## 6.6　小　　结

本章综合采用主任务测量法、主观评价法和三类不同的生理测量方法，在飞行模拟任务条件下开展脑力负荷的实验测量与理论建模研究。结果表明，脑电指标(MMN 的峰值、P3a 的峰值)、心电指标(SDNN)、眼电指标(Eye Blink)可较准确地反映飞机驾驶舱显示界面脑力负荷变化特性。双生理指标综合评估模型与NASA_TLX 量表对脑力负荷的判别准确率接近，可以为飞机驾驶舱显示界面脑力负荷等级的客观、实时判定提供一种新的方法。

# 第7章 多界面多飞行任务脑力负荷判别预测模型

## 7.1 实 验 目 的

第 4～6 章开展的实验研究结果表明，EEG、ECG 和 EOG 三类生理测量法均能有效反映平视显示器界面脑力负荷的变化。这些指标在多界面飞行任务中的变化情况如何？相关研究结果表明，在多界面任务操作任务中，单一的生理测量可能不会提供合适的预测信息。例如，Ryu 等[47]在研究追踪和计算双任务的作业中，发现眼电相关指标中的眨眼率随追踪任务难度的增加而增加，但是不随计算任务难度的增加而增加；HRV 的相关指标随追踪任务难度的增加而减少，但是不随计算任务难度的增加而减少；脑电的相关指标随计算任务难度的增加而增加，但是对追踪任务不敏感。

为了全面探讨不同的生理指标对不同类型的飞行作业任务的敏感性，本书综合采用 EEG、ECG、EOG 三类生理测量法开展多显示界面多飞行任务状态下的脑力负荷问题研究，探讨这三类生理指标对主飞行仪表监控、飞行计算，以及雷达探测任务的敏感性。在筛选敏感指标的基础上，结合主观评价方法、作业绩效测评方法，基于 Fisher 判别法，建立多显示界面多飞行任务状态下的脑力负荷综合评估模型。

## 7.2 实 验 方 法

### 7.2.1 被试

被试为北京航空航天大学在校研究生，共 15 人，均为男性，年龄 22～28 岁，平均年龄 25.8 岁，右利手，无色盲，视力或矫正视力在 1.0 以上，听力正常。在实验开始之前，所有被试均在飞行模拟器上接受过实验飞行任务的培训，熟练掌握实验操作方法。

### 7.2.2　实验任务

1. 仪表监视任务

飞行作业任务 1 为仪表监视任务，要求被试监视平视显示器(head up display，HUD)上呈现的飞行信息状态。监控任务界面如图 7.1 所示。在被试执行飞行任务的过程中，仪表中的空速、俯仰角和气压高度等 3 个飞行信息随机出现异常，被试需要完成对异常信息的识别、判断及响应操作。对于这 3 个飞行信息，被试需要在实验前记忆 3 个信息的异常范围。飞行异常信息范围如表 7.1 所示。在实验界面显示的仪表信息上设置随机异常，使这些异常信息随机出现在实验过程中，并在呈现短暂的时间间隔后消失。每个仪表中异常信息的呈现时间为 2s，间隔时间随机，且同时间内出现的扰动信息不超过一个。异常信息在被试响应后(包括正检、错检)恢复正常，如被试未响应(漏检)，异常信息在呈现一段时间(即扰动信息呈现时间)后自动恢复正常。在实验过程中，被试监控这些仪表信息。当发现异常时，被试按指定键进行响应。

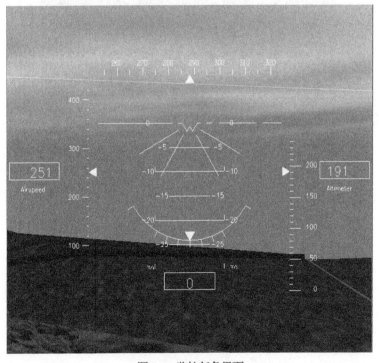

图 7.1　监控任务界面

**表 7.1  飞行异常信息范围**

| 飞行参数 | 飞行异常信息范围 |
| --- | --- |
| 空速/n mile | 超出 400 为异常信息 |
| 俯仰角/(°) | 超出 20 为异常信息 |
| 气压高度/ft | 超出 10000 为异常信息 |

2. 数字计算任务

飞行作业任务 2 为数字计算任务，要求被试在进行飞行任务的同时，监视下视显示器(head down display, HDD)中显示的数字信息。计算任务界面如图 7.2 所示。在飞行任务中，该仪表中的数字信息显示界面随机出现不同的距离和速度。这些数字的呈现时间为 4s，间隔时间随机。被试需要通过心算方法对随机出现的距离和速度进行除法运算，当发现心算计算结果出现在仪表最下方的四个数字中时，按指定的反应键对计算结果做出选择反应。通过 E-prime 编程，由外接的计算机系统自动记录被试对该计算任务选择的正确率和相应的反应时间。

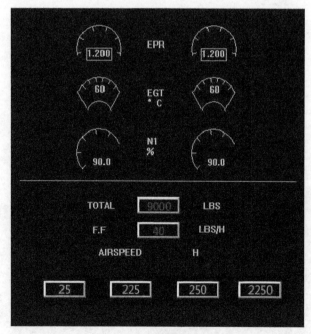

图 7.2  计算任务界面

### 3. 雷达探测任务

飞行作业任务 3 为雷达探测任务，要求被试在执行飞行任务的同时，监视雷达信息显示界面中的雷达信息。雷达探测信息界面如图 7.3 所示。在飞行任务中，该仪表中的信息显示界面将随机出现不同的小飞机图形目标，包括圆形、方形和三角形。这些图形的呈现时间为 4s，间隔时间随机。当图形目标出现在蓝色扇形区域的时候，被试按指定的反应键对其做出选择反应。通过 E-prime 编程，系统自动记录并计算实验被试的探测正确率和平均反应时间。

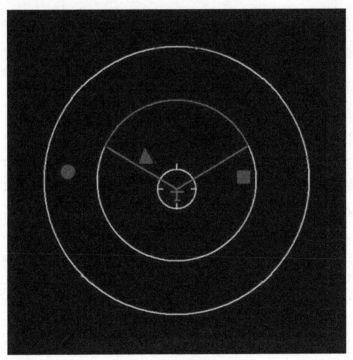

图 7.3　雷达探测信息界面

## 7.2.3　实验程序

被试随机排队，逐一开展实验。每完成一次实验便进行一次主观问卷调查，然后开展下一飞行实验任务。飞行任务分为单任务、双任务、多任务等复杂水平。

在单任务状态下，被试仅需完成飞行任务 1 的实验任务，飞行任务 2 和飞行任务 3 不会出现异常飞行信息。

在双任务状态下，飞行任务 1 和飞行任务 2 均会出现异常信息，被试优先完成飞行任务 1，同时还需完成飞行任务 2 中的实验任务，飞行任务 3 中不会出现异常信息。

在多任务状态下，飞行任务 1、飞行任务 2，以及飞行任务 3 中均会出现异常信息，被试优先完成飞行任务 1 的任务，同时兼顾飞行任务 2 和飞行任务 3。

实验采用一种类似拉丁方设计的方法平衡被试接受处理的顺序，以减少顺序对实验结果的干扰[14]。为了记录三类生理数据，整个实验期间的所有被试均需佩戴相应的生理测量设备。每个任务间隔 15min 左右，每一被试均需完成 NASA-TLX 量表[15, 16]。

## 7.3　实　验　结　果

### 7.3.1　主飞行任务绩效测评结果

各评估指标在三种脑力负荷水平下的测量值如表 7.2 所示。

**表 7.2　各评估指标在三种脑力负荷水平下的测量值(均值±标准差)**

| 各测量指标 | 脑力负荷 | | |
|---|---|---|---|
| | 单任务 | 双任务 | 多任务 |
| 正确率/% | 97.90±1.15 | 79.87±9.45 | 80.25±10.39 |
| 反应时间/ms | 842.55±52.64 | 965.14±97.51 | 1008.09±66.58 |
| 主观评价 | 61.60±10.18 | 71.88±7.77 | 78.96±7.42 |
| MMN(偏差刺激)/μV | −2.00±2.10 | −2.19±2.63 | −2.58±2.84 |
| P3a(偏差刺激)/μV | 2.74±3.30 | 2.14±4.66 | 3.09±2.75 |
| MMN(新异刺激)/μV | −4.73±2.05 | −2.71±3.81 | −2.89±3.39 |
| P3a(新异刺激)/μV | 3.64±2.76 | 5.53±2.68 | 6.82±3.62 |
| SDNN | 49.33±14.28 | 45.07±12.02 | 39.53±10.64 |
| 眨眼次数 | 107.93±56.64 | 105.06±39.25 | 101.66±46.77 |

单因素重复测量的方差分析表明，脑力负荷的主效应显著($p<0.001$)。进一步，两两比较的结果表明，被试对异常信息的正确探测率在单任务脑力负荷状态下显著高于($p<0.001$)在双任务状态下，而反应时间则显著延长($p<0.001$)；被试对异常信息的正确探测率在单任务脑力负荷状态下显著高于($p<0.001$)在多任务状态下，而反应时间则显著延长($p<0.001$)；被试对异常信息的正确探测率在双任务脑力负荷状

态下高于在多任务状态下，但未达到显著性水平($p$=0.880)，而反应时间则显著延长($p$=0.030)。

### 7.3.2　主观测评结果

基于 NASA_TLX 量表的主观评价结果(表 7.2)，单因素重复测量的方差分析方法结果显示，脑力负荷的主效应是显著的($p$<0.001)。具体表现为，随着飞行任务维度的增多，NASA_TLX 量表的主观评价分值显著增高($p$=0.001)。

### 7.3.3　生理指标测评结果

#### 1. ERP 对三种不同任务的评价结果

对于偏差刺激诱发的 MMN 成分，单因素重复测量的方差分析表明，脑力负荷主效应不显著($p$=0.810)。进一步，成对比较结果显示，三种任务脑力负荷状态下，偏差刺激诱发的 MMN 指标均未达到显著性水平($p$>0.05)。

对于偏差刺激诱发的 P3a 成分，单因素重复测量的方差分析表明，脑力负荷主效应不显著($p$=0.752)。进一步，成对比较结果显示，三种任务脑力负荷状态下，偏差刺激诱发的 P3a 指标均未达到显著性水平($p$>0.05)。

对于新异刺激诱发的 MMN 成分，单因素重复测量的方差分析表明，脑力负荷的主效应不显著($p$=0.22)。进一步，成对比较结果显示，仅单任务脑力负荷条件下的 MMN 峰值显著低于($p$=0.049)双任务脑力负荷条件下的 MMN 峰值，其余状态两两相比均未达到显著性水平($p$>0.05)。

对于新异刺激诱发的 P3a 成分，单因素重复测量的方差分析表明，脑力负荷主效应显著($p$=0.007)。具体表现为，单任务脑力负荷条件下的 P3a 峰值显著低于双任务脑力负荷条件下的 P3a 峰值和多任务脑力负荷条件下的 P3a 峰值，显著性水平分别为 $p$=0.012 和 $p$=0.006；双任务脑力负荷条件下的 P3a 峰值低于多任务脑力负荷条件下的 P3a 峰值，但未达到显著性水平($p$=0.257)。

#### 2. ECG 对三种不同任务的评价结果

在心电评价指标中，对 SDNN 成分而言，单因素重复测量的方差分析方法结果显示，脑力负荷的主效应显著($p$<0.001)。进一步，成对比较结果显示，单任务脑力负荷状态下 SDNN 成分的值高于($p$=0.071)双任务脑力负荷状态下 SDNN 成分的值，单任务脑力负荷状态下 SDNN 成分的值显著高于($p$<0.001)多任务脑力负荷

状态下 SDNN 成分的值，双任务脑力负荷状态下 SDNN 成分的值显著高于 ($p$=0.017)多任务脑力负荷状态下 SDNN 成分的值。

3. EOG 对三种不同任务的评价结果

在眼电评价指标中，对于眨眼次数指标进行单因素重复测量的方差分析，结果表明脑力负荷主效应不显著($p$=0.815)。进一步，成对比较结果显示，三种任务脑力负荷状态下，眨眼次数指标均未达到显著性水平($p$>0.05)。

由此可见，HRV 中的 SDNN 和 ERP 中的 P3a 是对多界面、多任务中飞行员脑力负荷变化敏感的指标，可进一步用于对不同维度任务下脑力负荷等级之间的划分。

# 7.4　建　　模

## 7.4.1　建模方法

基于实验测量的分析结果，使用 Fisher 线性判别分析方法，构建飞机座舱显示界面脑力负荷判别模型，并用于座舱显示界面脑力负荷等级的判定。为了保证判别的全面性，本书采用一般判别分析法(全因素分析法)，即判别模型包括主观评价、飞行作业绩效、HRV 的时域指标 SDNN 成分、ERP 指标 P3a 成分。

## 7.4.2　模型的确立及使用说明

Fisher 判别模型分类图如图 7.4 所示。判别模型函数为

$$\begin{cases} y_1 = 0.222x_1 - 0.664x_2 + 0.232x_3 + 255.570x_4 + 279.203x_5 - 255.259 \\ y_2 = 0.180x_1 - 0.325x_2 + 0.421x_3 + 226.945x_4 + 285.836x_5 - 247.952 \\ y_3 = 0.112x_1 - 0.144x_2 + 0.533x_3 + 229.526x_4 + 292.738x_5 - 263.507 \end{cases}$$

其中，$y_1$、$y_2$、$y_3$ 分别为单任务、双任务、多任务脑力负荷水平的判别函数值；$x_1$ 为 HRV 指标 SDNN 数值；$x_2$ 为 ERP 指标 P3a 峰值；$x_3$ 为 NASA_TLX 主观评价分值；$x_4$ 为对飞行异常信息操作的正确率；$x_5$ 为异常信息的反应时间。

根据 $x_1$、$x_2$、$x_3$、$x_4$ 和 $x_5$ 的数值分别进行计算并比较 $y_1$、$y_2$、$y_3$ 的值，若 $y_1$ 的值最大，则认为被试人员处于低脑力负荷水平；若 $y_2$ 的值最大，则认为被试人员处于中脑力负荷水平；若 $y_3$ 的值最大，则认为被试人员处于高脑力负荷水平。

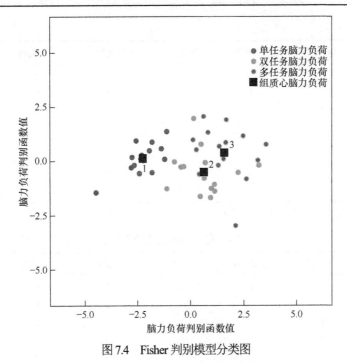

图 7.4　Fisher 判别模型分类图

### 7.4.3　模型判别预测准确率的检验

采用回代检验法和交叉检验法检验 Fisher 线性判别函数的判别预测准确率。回代检验法是将测得的 45 组被试样本数据回代到判别函数中，以便评价等级判定和预测的准确率。回代检验法判别预测结果如表 7.3 所示。交叉检验法是在 44 个样本数据基础上建立判别模型，并用该模型预测剩余 1 个样本类别变量取值，所有样本依次循环检验 1 次，共进行 45 次。交叉检验法判别预测结果如表 7.4 所示。

表 7.3　回代检验法判别预测结果

| 被试编号 | 实际类别 | 预测类别 | 实际类别 | 预测类别 | 实际类别 | 预测类别 |
|---|---|---|---|---|---|---|
| 1 | 1 | 1 | 2 | 2 | 3 | 3 |
| 2 | 1 | 1 | 2 | 2 | 3 | 3 |
| 3 | 1 | 1 | 2 | 3 | 3 | 3 |
| 4 | 1 | 1 | 2 | 2 | 3 | 3 |
| 5 | 1 | 1 | 2 | 3 | 3 | 3 |
| 6 | 1 | 1 | 2 | 2 | 3 | 3 |
| 7 | 1 | 1 | 2 | 3 | 3 | 3 |
| 8 | 1 | 1 | 2 | 2 | 3 | 2 |

续表

| 被试编号 | 实际类别 | 预测类别 | 实际类别 | 预测类别 | 实际类别 | 预测类别 |
|---|---|---|---|---|---|---|
| 9 | 1 | 1 | 2 | 2 | 3 | 3 |
| 10 | 1 | 1 | 2 | 2 | 3 | 3 |
| 11 | 1 | 1 | 2 | 1 | 3 | 2 |
| 12 | 1 | 1 | 2 | 2 | 3 | 3 |
| 13 | 1 | 1 | 2 | 2 | 3 | 3 |
| 14 | 1 | 1 | 2 | 3 | 3 | 3 |
| 15 | 1 | 1 | 2 | 2 | 3 | 2 |

注：1 表示低脑力负荷水平；2 表示中脑力负荷水平；3 表示高脑力负荷水平。

**表 7.4　交叉检验法判别预测结果**

| 被试编号 | 实际类别 | 预测类别 | 实际类别 | 预测类别 | 实际类别 | 预测类别 |
|---|---|---|---|---|---|---|
| 1 | 1 | 1 | 2 | 3 | 3 | 3 |
| 2 | 1 | 1 | 2 | 2 | 3 | 3 |
| 3 | 1 | 1 | 2 | 3 | 3 | 3 |
| 4 | 1 | 1 | 2 | 2 | 3 | 3 |
| 5 | 1 | 1 | 2 | 3 | 3 | 3 |
| 6 | 1 | 1 | 2 | 2 | 3 | 2 |
| 7 | 1 | 1 | 2 | 3 | 3 | 3 |
| 8 | 1 | 1 | 2 | 2 | 3 | 2 |
| 9 | 1 | 1 | 2 | 2 | 3 | 3 |
| 10 | 1 | 1 | 2 | 1 | 3 | 2 |
| 11 | 1 | 1 | 2 | 1 | 3 | 2 |
| 12 | 1 | 1 | 2 | 2 | 3 | 3 |
| 13 | 1 | 1 | 2 | 2 | 3 | 3 |
| 14 | 1 | 1 | 2 | 3 | 3 | 3 |
| 15 | 1 | 1 | 2 | 2 | 3 | 2 |

注：1 表示低脑力负荷水平；2 表示中脑力负荷水平；3 表示高脑力负荷水平。

　　由此可知，采用一般判别分析法，使用回代检验和交叉检验两种检验方法的平均判别预测准确率分别为 82.22% 和 73.33%，其中对低负荷与其他负荷之间的判别准确率均为 100%，对中负荷和其他负荷之间的判别预测准确率分别为 66.67% 和 53.33%，对高负荷和其他负荷之间的判别预测准确率分别均为 80% 和 66.67%。中负荷和高负荷之间判别预测准确率低于低负荷的判别预测准确率，可能与本书任务难度的设置存在一定关系。

# 7.5　讨　论

## 7.5.1　三类评估指标对三种不同飞行任务脑力负荷变化的敏感性

第4~6章开展的实验主要通过控制单一平视显示器显示的异常飞行信息的数量、呈现时间，以及间隔时间来改变飞行作业任务的难度，进而控制飞机驾驶舱显示界面脑力负荷水平。本章研究通过控制平视显示器和下视显示器中三块仪表的异常飞行信息显示，分别设置仪表监控任务、计算任务、雷达探测任务，并将其组合为三种不同难度的飞行实验任务来改变飞行作业的难度，进而控制显示界面的脑力负荷水平，测量不同脑力负荷水平下被试的飞行作业绩效(包括正确率和反应时)、生理指标(HRV 的时域指标 SDNN、眼电指标眨眼次数、脑电指标 P3a 在 Fz 电极处的峰值)和主观评价(NASA_TLX 量表)这三类评估指标。以此为基础，探讨多显示界面多飞行任务状态下被试的脑力负荷水平与各个评估指标之间的关系。结果显示，飞行作业正确率、反应时、HRV 指标 SDNN、脑电指标 P3a 在 Fz 电极处的峰值、NASA_TLX 量表分值这 5 个指标对多显示界面多飞行任务状态下被试脑力负荷的变化有显著的敏感性。

NASA_TLX 量表的分值随着飞行任务维度的增加而逐级性显著增加，这与第5 章和第 6 章中被试对平视显示器中异常信息探测任务的研究结果一致。从被试主观的角度来看，不同维度的飞行任务难度之间的脑力负荷等级设置有一定的差异，符合实验设置预期。这一结果也说明，NASA_TLX 量表对于评估不同类型的脑力负荷的通用性。

在本书中，被试对异常飞行信息的正确探测率作业绩效随任务难度的增加而下降，在单任务作业和双任务作业，以及单任务作业和多任务作业之间呈现出显著的差异性。在双任务作业和多任务作业之间，被试的正确率差异并不显著，这与被试 ERP 指标中 P3a 的峰值变化情况类似。本书的结果表明，与单界面飞行作业任务相比，在多界面飞行任务下，被试注意朝向能力增强，但是其朝向注意能力的增强是在一定范围内的，并非无限制地增强，而注意朝向能力的增强，在某种程度上是以牺牲单一界面的注意资源分配为代价的。这一点从被试对主飞行任务中异常飞行信息的反应时间的测定也可获得验证。从平均反应时间数据的重复测量方差分析结果可以看出，随着任务维度的增多(脑力负荷的增加)，反应时间发生显著性地降低。

第 3 章研究结果表明，眼电指标中的眨眼次数指标能够有效地反映飞行任务中单一显示界面脑力负荷水平。眨眼次数指标检测无法有效反映多显示界面飞行任务脑力负荷。这一研究结果可能是由实验任务设置中的多显示界面任务引起的。在多显示界面飞行任务中，被试需要大范围地扫视许多飞行仪表，而非专注于某一仪表界面。影响眨眼次数的是单一仪表监控任务导致的脑力负荷。本书的实验任务可能需要其他类型的眼电指标(如扫视轨迹、扫视幅度等)作后续的研究。本书同时探讨了 HRV 的时域指标 SDNN、ERP 指标 P3a 和 MMN 等生理指标对多显示界面下与飞行任务相关的脑力负荷的变化有显著的敏感性。研究结果表明，仅SDNN 和 P3a 对多界面飞行任务相关的脑力负荷的变化有显著的敏感性。具体表现为，在增加计算任务难度的飞行任务中，SDNN 数值降低，在 0.05 水平上呈临界显著($p=0.071$)状态，P3a 峰值显著增大($p=0.000$)；在增加雷达探测任务的飞行任务中，SDNN 数值显著降低($p=0.017$)，P3a 峰值呈下降趋势，但并不显著($p>0.05$)。这一现象说明，单一生理指标无法有效反映多界面飞行任务中的脑力负荷问题，需结合多种测量指标和方法对其进行综合评估。

### 7.5.2　单指标与多指标综合评估模型评估结果之间的比较

抽取被试人员在 3 种不同脑力负荷状态下的各个单一测量指标判别脑力负荷，以及基于 3 种测量指标的综合评估模型判别脑力负荷，采用 Fisher 线性判别分析方法判别它们对相应实验条件下脑力负荷水平的判别预测准确性。单一测量指标评估与各类综合评估结果的比较如表 7.5 所示。

表 7.5　单一测量指标评估与各类综合评估结果的比较

| 组合 | 评估指标 | 预测脑力负荷的准确率/% | | | |
| --- | --- | --- | --- | --- | --- |
| | | 低 | 中 | 高 | 平均 |
| 单指标 | NASA_TLX 量表 | 66.67 | 53.33 | 66.67 | 62.22 |
| | 准确率 | 100.00 | 46.67 | 40.00 | 62.22 |
| | 反应时 | 86.67 | 46.67 | 66.67 | 66.67 |
| | SDNN | 46.67 | 13.33 | 66.67 | 42.22 |
| | P3a | 53.33 | 26.67 | 53.33 | 44.44 |
| 双指标组合 | NASA_TLX 量表，准确率 | 100.00 | 66.67 | 66.67 | 77.78 |
| | NASA_TLX 量表，反应时 | 86.67 | 53.33 | 80.00 | 73.33 |
| | NASA_TLX 量表，SDNN | 80.00 | 40.00 | 66.67 | 62.22 |
| | NASA_TLX 量表，P3a | 66.67 | 53.33 | 66.67 | 62.22 |

续表

| 组合 | 评估指标 | 预测脑力负荷的准确率/% | | | |
|---|---|---|---|---|---|
| | | 低 | 中 | 高 | 平均 |
| 双指标组合 | 准确率，反应时 | 100.00 | 40.00 | 66.67 | 68.89 |
| | 准确率，SDNN | 100.00 | 33.33 | 46.67 | 60.00 |
| | 准确率，P3a | 100.00 | 53.33 | 53.33 | 68.89 |
| | 反应时，SDNN | 86.67 | 46.67 | 80.00 | 71.11 |
| | 反应时，P3a | 93.33 | 26.67 | 46.67 | 55.56 |
| | SDNN，P3a | 60.00 | 46.67 | 40.00 | 48.89 |
| 三指标组合 | NASA_TLX 量表，准确率，反应时 | 100.00 | 66.67 | 66.67 | 77.78 |
| | NASA_TLX 量表，准确率，SDNN | 100.00 | 66.67 | 66.67 | 77.78 |
| | NASA_TLX 量表，准确率，P3a | 100.00 | 66.67 | 66.67 | 77.78 |
| | NASA_TLX 量表，反应时，SDNN | 80.00 | 53.33 | 73.33 | 68.89 |
| | NASA_TLX 量表，反应时，P3a | 93.33 | 46.67 | 66.67 | 68.89 |
| | NASA_TLX 量表，SDNN，P3a | 80.00 | 40.00 | 66.67 | 62.22 |
| | 准确率，反应时，SDNN | 100.00 | 46.67 | 66.67 | 71.11 |
| | 准确率，反应时，P3a | 100.00 | 40.00 | 60.00 | 66.67 |
| | 准确率，SDNN，P3a | 100.00 | 53.33 | 40.00 | 64.44 |
| | 反应时，SDNN，P3a | 93.33 | 46.67 | 53.33 | 64.44 |
| 四指标组合 | NASA_TLX 量表，准确率，SDNN，P3a | 100.00 | 66.67 | 66.67 | 77.78 |
| | NASA_TLX 量表，准确率，反应时，SDNN | 100.00 | 60.00 | 73.33 | 77.78 |
| | NASA_TLX 量表，准确率，反应时，P3a | 100.00 | 66.67 | 66.67 | 77.78 |
| | NASA_TLX 量表，反应时，SDNN，P3a | 86.67 | 60.00 | 73.33 | 73.33 |
| | 准确率，反应时，SDNN，P3a | 100.00 | 53.33 | 60.00 | 71.11 |
| 五指标组合 | NASA_TLX 量表，准确率，反应时，SDNN，P3a | 100.00 | 66.67 | 80.00 | 82.22 |

　　从总体分类预测准确率来看，7.4 节建立的模型对多显示界面、多飞行任务下飞机驾驶舱显示界面脑力负荷的分类预测准确率最高。该综合评估模型的分类预测准确率在 66.67%～100% 之间，平均判别预测准确率为 82.22%。

　　在单项指标的判别方法中，反应时指标对脑力负荷水平的判别预测准确率最高。该指标的分类预测准确率在 46.67%～86.67% 之间，平均判别预测准确率为 66.67%。在采用双指标的判别方法中，准确率指标和 NASA_TLX 量表组合对脑力负荷水平的判别预测准确率最高。该组合的分类预测准确率在 66.67%～100%之间，平均判别预测准确率为 77.78%。在采用三指标的判别方法中(准确率指标、NASA_TLX 量表与 SDNN 组合，准确率指标、NASA_TLX 量表与 P3a 组合，准确率指标、NASA_TLX 量表与反应时指标组合)，对脑力负荷水平的判别预测准确率相同，均高于其他 7 种组合。该组合的分类预测准确率在 66.67%～100%之间，平均判别预测准确率为 77.78%。在采用四指标的判别方法中(准确率指标、NASA_TLX 量表、SDNN 与 P3a 组合，准确率指标、NASA_TLX 量表、反应时指标与 P3a 组合，准确率指标、NASA_TLX 量表、反应时指标与 SDNN 指标组合)，对脑力负荷水平的判别预测准确率相同，均高于其他组合。该组合的分类预测准确率在 66.67%～100% 之间，平均判别预测准确率为 77.78%。

### 7.5.3　研究的意义

使用多显示界面/多飞行任务脑力负荷判别预测模型，可对复杂飞行任务中飞行员的脑力负荷水平进行判别和预测。这为复杂系统中显示界面脑力任务设计提供了有效的量化方法和科学依据。目前，我国正在开发的新一代战斗机和大型客机，这些先进飞机驾驶舱信息显示界面综合化程度不断加大，因此显示界面设计的优劣对未来的高空作战需要和航空运输安全至关重要。本书建立的数学模型有助于在这类综合复杂显示界面的设计阶段对其进行相应的脑力负荷评价和不同显示方式设计方案的选择，有助于帮助战斗机设计人员和客机设计人员优化显示界面脑力任务设计，从而节约成本，保障航空安全。

## 7.6　小　　结

P3a 指标的变化能够有效反映飞行任务中的脑力计算任务难度的增加，SDNN 指标的变化程度能够有效反映雷达探测任务难度的增加。

多显示界面、多飞行任务的脑力负荷判别预测模型，可以有效判别预测显示界面脑力任务设计的水平等级，预测准确率 82.22%，因此可以用于新一代战机和大型客机的显示界面脑力任务设计方案的选择和评价。

# 第8章 总结和展望

## 8.1 总 结

本书通过实验，对飞机驾驶舱显示界面脑力负荷评价指标和评价模型进行研究，提出全新的可用于评价脑力负荷的生理学指标，并建立判别预测飞机驾驶舱显示界面脑力负荷等级的多种数学模型。

根据飞机驾驶舱显示界面脑力任务设计和脑力负荷评价研究指标的需求，本书基于 ERP 技术，选取 MMN 和 P3a，采用三刺激 Oddball 模式，在飞行模拟任务条件下开展三级脑力负荷的测量与评价研究。研究发现，MMN 峰值和 P3a 峰值对脑力负荷变化敏感，随着脑力负荷的增加，MMN 峰值显著增加，P3a 峰值显著降低。这一现象反映了在单一显示界面中，高脑力负荷状态下被试对异常信息的自动加工能力的提高，以及朝向注意能力的减弱。

本书综合采用主任务测量法、主观评价法和生理测量法在飞行模拟任务条件下开展脑力负荷的实验测量与理论建模研究。实验结果显示，随着脑力负荷的增加，飞行作业正确探测率显著下降，反应时显著延长；HRV 指标 SDNN 显著下降，而平均心率没有显著变化；NASA_TLX 量表的分值显著升高。在此基础上，选择对脑力负荷敏感的指标，基于 Fisher 线性判别分类方法，构建飞机驾驶舱显示界面脑力负荷判别和预测模型，并采用回代检验法和交叉检验法检验判别预测的准确性，同时将综合模型判别结果与单一指标判别结果进行比较。两种检验方法的平均判别预测准确率均高于 85%，综合模型判别预测结果高于单一指标判别预测结果。实验提出的模型与实测数据吻合性较好，能够准确地反映座舱显示界面脑力负荷变化特性，可为未来飞机座舱显示界面的工效学评价与优化设计提供依据。

本书综合采用 EEG、ECG、EOG 三类生理测量技术，在同一飞行实验任务中探索其对飞机驾驶舱显示界面脑力负荷的敏感性。结果表明，MMN 的峰值、P3a 的峰值、HRV 指标 SDNN、眨眼次数均可较准确地反映座舱显示界面脑力负荷变化特性。在此基础上，选择三类生理指标之间的各个组合构建多生理指标综合评估模型，并从对脑力负荷判别预测准确率的角度将判别准确率最高的生理综合评估模型与 NASA_TLX 量表进行比较，为飞机驾驶舱显示界面脑力负荷状态的客观、实时判定和预测提供新的方法。

本书综合采用 EEG、ECG、EOG 三类生理测量法开展多显示界面多飞行任务状态下的脑力负荷问题研究，探讨这三类生理指标对飞行监控、飞行计算、雷达探测任务的敏感性。实验结果显示，P3a、SDNN、NASA_TLX 量表、主飞行任务的准确率和反应时间等均可有效反映多显示界面、多飞行任务中的脑力负荷变化情况。在三类生理指标中，P3a 指标的变化对飞行任务中的脑力计算任务较为敏感，而 SDNN 指标的变化对飞行任务中的雷达探测任务较为敏感。在筛选敏感指标的基础上，结合主观评价方法、主飞行任务作业绩效测评方法、生理测评方法、基于 Fisher 判别方法，建立多显示界面、多飞行任务状态下的脑力负荷综合评估模型。该综合评估模型与基于单一指标、双指标、三指标、四指标的模型进了比较。实验结果显示，五指标综合模型对于多显示界面、多飞行任务中的显示界面脑力任务设计的等级判别预测准确率最高，达到 82.22%。

关于飞机驾驶舱显示界面脑力负荷的生理客观评价指标和数学模型方面的研究在我国开展较少，缺乏切实可行的实验研究和量化评价方法。通过本书的研究，我们得到一些有用的成果，同时为该领域的进一步研究提供了一种生理客观评价指标和多维综合评估数学模型，拓展了本领域的研究思路。本书的创新有如下几点。

(1) 提出全新的生理指标，即 ERP 技术中的 MMN 指标和 P3a 指标。这两个指标能够有效地反映不同脑力负荷水平下飞行员的信息自动加工能力和注意朝向能力，有助于扩展脑力负荷测量方法的研究范畴，帮助飞机驾驶舱显示界面设计人员从认知神经科学的角度来理解、分析、分类和讨论飞行员的脑力负荷问题，将飞行员脑力负荷问题的研究扩展至飞行员前注意加工的认知阶段。

(2) 充分借鉴 NASA_TLX 量表评估脑力负荷的全面性、心电测量技术的无侵入性和实时性，以及绩效测量的直接性等优势，建立飞机驾驶舱显示界面脑力负荷判别预测模型。该模型可以为飞机驾驶舱显示界面设计人员提供一种操作性较强的方法，有效预测显示界面系统施加于作业人员的脑力负荷，帮助设计人员从飞机驾驶舱显示界面设计的早期阶段对系统设计方案作出选择，有效提高设计效率，节约设计成本。

(3) 综合采用 ERP、ECG、EOG 三类生理测量技术开展飞行实验，建立可用于飞机驾驶舱显示界面脑力负荷判别预测生理数学模型，可对实际飞行任务中飞行员的脑力负荷状况进行实时分析、判别，以及预测，为飞机驾驶舱人机功能分配的动态设计提供量化方法和科学依据。

(4) 探讨 ERP、ECG、EOG 三类生理测量指标对于多显示界面多飞行任务(主飞行仪表监视、飞行计算、雷达探测)中的脑力负荷问题，最终采用 P3a、SDNN、主观评价指标、主任务正确率、反应时，建立多显示界面、多飞行任务状态下的脑力负荷判别预测模型。该模型可对复杂显示界面下的飞行任务中飞行员的脑力负荷水平进行判别和预测，为复杂系统中显示界面脑力任务设计提供有效的量化方法和科学依据，有助于指导设计人员在这类综合复杂显示界面的设计阶段对其进行相应的脑力负荷评价和不同显示界面设计方案的选择，进而帮助战斗机设计人员和大型客机设计人员优化显示界面脑力任务设计，从而节约成本，保障航空安全。

(5) 基于本书建立的数学模型，为新一代战斗机和大型客机驾驶舱显示界面中的人为因素适航审定人员提供新的量化适航符合性验证方法，提高审定的效率和针对性，促进人为因素适航审定工作的顺利开展。

(6) 伴随着电子科技的迅速发展，飞机驾驶舱自动化水平的不断提高，越来越多的人机显示界面设计问题层出不穷。本书提出的生理指标和数学模型结果有助于人们预测未来高度自动化的驾驶舱内飞行机组如何获取加工信息并做出何种反应，有助于适航审定工作中预期人为因素问题的审定，引导新技术的合理应用。

## 8.2　展　　望

本书的研究侧重于从异常飞行信息的数量、呈现时间、间隔时间的设置这一角度来调控飞机驾驶舱显示界面施加给飞行员的脑力负荷，较少关注显示界面的不同布局对于脑力负荷的影响。然而，显示界面的布局也可能是影响飞机驾驶舱显示界面脑力负荷的重要因素。关于不同飞行异常信息数量，以及仪表显示信息的布局之间的交叉设计对于脑力负荷的影响是值得深入研究的方向。

　　多份航空事故分析报告显示，飞机起飞和降落阶段是航空事故的高发飞行阶段，而各个飞行阶段的飞行仪表重要程度和飞行操作要求也存在较大差异。未来的研究可以从更细致的飞行阶段划分，深入探讨起飞、爬升、巡航、下降、进近、着陆等飞行阶段的飞机驾驶舱显示界面脑力负荷问题，构建适合不同飞行阶段、不同飞行任务的全飞行过程脑力负荷判别预测模型。

# 参 考 文 献

[1] 许为. 自动化飞机驾驶舱中人-自动化系统交互作用的心理学研究. 心理科学, 2003, 26(3): 523-524.

[2] 丁邦昕. 飞机驾驶学. 北京: 蓝天出版社, 2004.

[3] 贾宏博, 毕红哲. 空间定向信息的显示与评价. 人类工效学, 2007, 12(4): 48-51.

[4] 郭小朝, 刘宝善, 马雪松, 等. 战术导航过程中新歼飞行员的信息显示需求. 人类工效学, 2003, 9(1): 5-10.

[5] 卫宗敏, 完颜笑如, 庄达民. 飞机座舱显示界面脑力负荷测量与评价. 北京航空航天大学学报, 2014, 40(1): 86-91.

[6] Hollands J G, Wickens C D. Engineering Psychology and Human Performance. New Jersey: Prentice Hall, 1999.

[7] 姚永杰. 军机飞行员空中脑力负荷的心理生理评定. 西安: 第四军医大学, 2007.

[8] 徐胜平, 李华明. 81 起民航等级飞行事故的机组资源管理分析. 中华航空航天医学杂志, 2003, 9(14): 174 -175.

[9] 吴晓峰. 基于驾驶员工作负荷的公路线形安全性评价. 西安: 长安大学, 2009.

[10] Pulat B M. Fundamentals of Industrial Ergonomics. Georgia: Waveland, 1992.

[11] Hart S G, Staveland L E. Development of NASA-TLX (task load index): Results of empirical and theoretical research. Advances in Psychology, 1988, 52: 139-183.

[12] Cooper G E, Harper J R P. The use of pilot rating in the evaluation of aircraft handling qualities. Pairs: Advisory Group for Aerospace Research and Development Neuilly-Sur-Seine, 1969.

[13] Reid G B, Nygren T E. The subjective workload assessment technique: A scaling procedure for measuring mental workload. Advances in Psychology, 1988, 52: 185-218.

[14] Verwey W B, Veltman H A. Detecting short periods of elevated workload: A comparison of nine workload assessment techniques. Journal of Experimental Psychology: Applied, 1996, 2(3): 270-285.

[15] Tsang P S, Velazquez V L. Diagnosticity and multidimensional subjective workload ratings. Ergonomics, 1996, 39(3): 358-381.

[16] Luximon A, Goonetilleke R S. Simplified subjective workload assessment technique. Ergonomics, 2001, 44(3): 229-243.

[17] Rubio S, Díaz E, Martín J, et al. Evaluation of subjective mental workload: A comparison of SWAT, NASA-TLX, and workload profile methods. Applied Psychology, 2004, 53(1): 61-86.

[18] Perry C M, Sheik-Nainar M A, Segall N, et al. Effects of physical workload on cognitive task performance and situation awareness. Theoretical Issues in Ergonomics Science, 2008, 9(2): 95-113.

[19] 刘宝善. "库柏-哈柏"方法在飞行员脑力负荷评价中的应用. 中华航空航天医学杂志, 1997, 8(4): 234-236.

[20] 曹雪亮. 脑力疲劳的注意特征及主观评定方法的实验研究. 西安: 第四军医大学, 2003.

[21] Skipper J H, Rieger C A, Wierwille W W. Evaluation of decision-tree rating scales for mental workload

estimation. Ergonomics, 1986, 29(4): 585-599.

[22] Gawron V J. Human Performance Measures Handbook. Mahwah: Lawrence Erlbaum Associates, 2000.

[23] Harms L. Variation in drivers' cognitive load effects of driving through village areas and rural junctions. Ergonomics, 1991, 34(2): 151-160.

[24] Streeter L A, Vitello D, Wonsiewicz S A. How to tell people where to go: Comparing navigational aids. International Journal of Man-Machine Studies, 1985, 22(5): 549-562.

[25] Verwey W B. How can we prevent overload of the driver. Driving Future Vehicles, 1993, 22: 235-244.

[26] Lodree J E J, Geiger C D, Jiang X. Taxonomy for integrating scheduling theory and human factors: Review and research opportunities. International Journal of Industrial Ergonomics, 2009, 39(1): 39-51.

[27] Wichens C D, Hollands J G. Engineering Psychology and Human Performance. 3rd Ed. Upper Saddle River: Prentice-Hall, 2000.

[28] Wilson G F. In-flight psychophysiological monitoring. Progress in Ambulatory Monitoring, 2001, 56(3): 435-454.

[29] Wilson G F. An analysis of mental workload in pilots during flight using multiple psychophysiological measures. The International Journal of Aviation Psychology, 2002, 12(1): 3-18.

[30] Wilson G F. A comparison of three cardiac ambulatory recorders using flight data. The International Journal of Aviation Psychology, 2002, 12(1): 111-119.

[31] Wilson G F. Psychophysiological Test Methods and Procedures. New York: Wiley, 2002.

[32] Wilson G F. Air-to-ground training missions: A psychophysiological workload analysis. Ergonomics, 1993, 36(9): 1071-1087.

[33] Ahlstrom U, Friedman-Berg F J. Using eye movement activity as a correlate of cognitive workload. International Journal of Industrial Ergonomics, 2006, 36(7): 623-636.

[34] Prinzel L J, Freeman F G, Scerbo M W, et al. A closed-loop system for examining psychophysiological measures for adaptive task allocation. The International Journal of Aviation Psychology, 2000, 10(4): 393-410.

[35] Rand J, Hoover A, Fishel S, et al. Real-time correction of heart interbeat intervals. IEEE Transactions on Biomedical Engineering, 2007, 54(5): 946-950.

[36] Miyake S, Yamada S, Shoji T, et al. Physiological responses to workload change a test/retest examination. Applied Ergonomics, 2009, 40(6): 987-996.

[37] Miyake S. Multivariate workload evaluation combining physiological and subjective measures. International Journal of Psychophysiology, 2001, 40(3): 233-238.

[38] di Domenico A, Nussbaum M A. Interactive effects of physical and mental workload on subjective workload assessment. International Journal of Industrial Ergonomics, 2008, 38(11): 977-983.

[39] Luft C D B, Takase E, Darby D. Heart rate variability and cognitive function: Effects of physical effort. Biological Psychology, 2009, 82(2): 186-191.

[40] 宋健, 苗丹民. 脑力疲劳客观评定方法研究进展. 中华航空航天医学杂志, 2006, 17(1): 74-76.

[41] 曹雪亮, 苗丹民, 刘练红. 脑力疲劳评定方法现状. 第四军医大学学报, 2006, 27(4): 382-384.

[42] Jung H S, Jung H S. Establishment of overall workload assessment technique for various tasks and workplaces. International Journal of Industrial Ergonomics, 2001, 28(6): 341-353.

[43] Greene K A, Bauer K W, Wilson G F, et al. Selection of psychophysiological features for classifying air traffic controller workload in neural networks. International Journal of Smart Engineering System Design,

2000, 2: 315-330.

[44] Greene K A, Bauer K W, Kabrisky M, et al. Estimating pilot workload using Elman recurrent neural networks: A preliminary investigation. Intelligent Engineering Systems through Artificial Neural Networks, 1997, 7: 703-708.

[45] Alsing S G. An analysis of psychophysiological features for classifying pilot workload in crew aircraft using artificial neural networks. Ohio: Air Force Institute of Technology, 1998.

[46] Laine T I, Bauer K W, Lanning J W, et al. Selection of input features across subjects for classifying crewmember workload using artificial neural networks. IEEE Transactions on Systems, Man and Cybernetics, Part A: Systems and Humans, 2002, 32(6): 691-704.

[47] Ryu K, Myung R. Evaluation of mental workload with a combined measure based on physiological indices during a dual task of tracking and mental arithmetic. International Journal of Industrial Ergonomics, 2005, 35(11): 991-1009.

[48] 张智君, 朱祖祥. 视觉追踪作业心理负荷的多变量评估研究. 心理科学, 1995, 12(6): 337-340.

[49] 康卫勇, 袁修干, 柳忠起, 等. 飞机座舱视觉显示界面脑力负荷综合评价方法. 航天医学与医学工程, 2008, 21(2): 103-107.

[50] 康卫勇, 袁修干, 柳忠起. 基于脑力负荷飞机座舱视觉显示界面优化设计. 北京航空航天大学学报, 2008, 34(7): 782-785.

[51] 李银霞, 杨锋, 王黎静, 等. 飞机座舱工效学综合评价研究及其应用. 北京航空航天大学学报, 2005, 31(6): 652-656.

[52] 刘伟, 袁修干. 飞机驾驶员视觉信息流系统工效综合评定研究. 北京航空航天大学学报, 2001, 27(2): 175-177.

[53] 刘宝善, 廖建桥, 王玉红, 等. 歼击机飞行员脑力负荷评价模型的研究. 中华航空航天医学杂志, 2000, 11(1): 24-28.

[54] 中国民航局. CCAR25-R4 中国民用航空规章第 25 部: 运输类飞机适航标准. 中国: 中国民用航空局, 2011.

[55] European Aviation Safety Agency. Certification Specifications for Large Aero planes(CS-25), Amendment 12. Köln: EASA, 2012.

[56] 许为, 陈勇. 民用客机人机工效学适航认证及对策. 民用飞机设计与研究, 2013, (2): 24-30.

[57] Rouse W B, Edwards S L, Hammer J M. Modeling the dynamics of mental workload and human performance in complex systems. IEEE Transactions on Systems, Man, and Cybernetics, 1993, 33(6): 1662-1671.

[58] O'Donnell R D, Eggemeier F T. Workload assessment methodolody. Cognitive Processes and Perfomance, 1986, 2: 1-49

[59] Young M S, Stanton N A. Mental workload: Theory, measurement, and application. International Encyclopedia of Ergonomics and Human Factors, 2001, 1: 507-509.

[60] 廖建桥, 王文弼. 时间长短对脑力负荷强度影响的研究. 人类工效学, 2005, 3(4): 16-21.

[61] 肖元梅. 脑力劳动者脑力负荷评价及其应用研究. 成都: 四川大学, 2005.

[62] Williges R C, Wierwille W W. Behavioral measures of aircrew mental workload. Human Factors: The Journal of the Human Factors and Ergonomics Society, 1979, 21(5): 549-574.

[63] de Waard D. The measurement of drivers' mental workload. Groningen: Groningen University, 1996.

[64] 陈圣斌, 周晓光, 黄建萍, 等. 人机环境系统工程技术与飞机/直升机驾驶舱设计//大型飞机关键技

术高层论坛暨中国航空学会 2007 年学术年会, 深圳, 2007: 421-429.

[65] Stanton N A, Harris D, Salmon P, et al. Predicting design induced pilot error using HET (human error template): A new formal human error identification method for flight decks. Aeronautical Journal, 2006, 110(1104): 107-115.

[66] Cain B. A review of the mental workload literature. Defence Research and Development Toronto, 2007.

[67] Casali J G, Wierwille W W. On the measurement of pilot perceptual workload: A comparison of assessment techniques addressing sensitivity and intrusion issues. Ergonomics, 1984, 27(10): 1033-1050.

[68] Wickens C D, Hollands J G. 工程心理学与人的作业. 朱祖祥, 译. 上海: 华东师范大学出版社, 2003.

[69] 廖建桥. 脑力负荷及其测量. 系统工程学报, 1995, 10(3): 119-123.

[70] 廖建桥. 人在多项任务中的业绩及脑力负荷. 心理学报, 1995, 27(4): 356-362.

[71] 崔凯, 孙林岩, 冯泰文, 等. 脑力负荷度量方法的新进展述评. 工业工程, 2008, 11(5): 1-5.

[72] 朱祖祥, 葛列众, 张智君. 工程心理学. 北京: 人民教育出版社, 2000.

[73] 柳忠起, 袁修干, 刘涛, 等. 航空工效中的脑力负荷测量技术. 人类工效学, 2003, 9(2): 19-22.

[74] 彭晓武. VDT 作业脑力劳动负荷评价的实验研究. 武汉: 华中科技大学, 2006.

[75] Lehrer P, Karavidas M, Lu S E, et al. Cardiac data increase association between self-report and both expert ratings of task load and task performance in flight simulator tasks: An exploratory study. International Journal of Psychophysiology, 2010, 76(2): 80-87.

[76] Sohn S Y, Jo Y K. A study on the student pilot's mental workload due to personality types of both instructor and student. Ergonomics, 2003, 46(15): 1566-1577.

[77] Cao A, Chintamani K K, Pandya A K, et al. NASA TLX: Software for assessing subjective mental workload. Behavior Research Methods, 2009, 41(1): 113-117.

[78] Harper R P, Cooper G E. Handling qualities and pilot evaluation. Journal of Guidance, Control, and Dynamics, 1986, 9(5): 515-529.

[79] Wierwille W W, Casali J G. A validated rating scale for global mental workload measurement applications//Proceedings of the Human Factors and Ergonomics Society Annual Meeting, Soesterberg, 1983: 129-133.

[80] Ursin H, Ursin R. Physiological Indicators of Mental Workload. Berlin: Springer, 1979.

[81] Veltman J A, Gaillard A W K. Physiological workload reactions to increasing levels of task difficulty. Ergonomics, 1998, 41(5): 656-669.

[82] Lindholm E, Cheatham C M. Autonomic activity and workload during learning of a simulated aircraft carrier landing task. Aviation, Space, and Environmental Medicine, 1983, 54(5): 435-439.

[83] 李鸣皋, 张佳丽, 蒙果, 等. 不同模拟飞行训练科目飞行员心率和心率变异性的变化. 航天医学与医学工程, 2013, 26(2): 96-99.

[84] 柳忠起, 袁修干, 刘伟, 等. 基于模拟飞行任务下的眼动指标分析. 中国安全科学学报, 2006, 16(2): 47-51.

[85] 柳忠起, 袁修干. 在模拟飞机降落过程中的眼动分析. 北京航空航天大学学报, 2002, 28(6): 703-706.

[86] 柳忠起. 航空工效的眼动研究及其应用. 北京: 北京航空航天大学, 2007.

[87] di Nocera F, Camilli M, Terenzi M. A random glance at the flight deck: Pilots' scanning strategies and the real-time assessment of mental workload. Journal of Cognitive Engineering and Decision Making, 2007, 1(3): 271-285.

[88] Farmer E, Brownson A. Review of workload measurement, analysis and interpretation methods. European Organisation for the Safety of Air Navigation, 2003, 47(25): 1-33.

[89] 董明清, 马瑞山. 脑力负荷评定指标敏感性的比较研究. 航天医学与医学工程, 1999, 12(2): 106-110.

[90] 赵仑. ERP 实验教程. 天津: 天津社会科学院出版社, 2004.

[91] 魏景汉, 阎克乐. 认知神经科学基础. 北京: 人民教育出版社, 2008.

[92] 罗跃嘉, 魏景汉. 注意的认知神经科学研究. 北京: 高等教育出版社, 2004.

[93] Borghini G, Astolfi L, Vecchiato G, et al. Measuring neurophysiological signals in aircraft pilots and car drivers for the assessment of mental workload, fatigue and drowsiness. Neuroscience & Biobehavioral Reviews, 2014, 44: 58-75.

[94] Hankins T C, Wilson G F. A comparison of heart rate, eye activity, EEG and subjective measures of pilot mental workload during flight. Aviation, Space, and Environmental Medicine, 1998, 69(4): 360-367.

[95] Sirevaag E J, Kramer A F, Reisweber C D, et al. Assessment of pilot performance and mental workload in rotary wing aircraft. Ergonomics, 1993, 36(9): 1121-1140.

[96] Fowler B. P300 as a measure of workload during a simulated aircraft landing task. Human Factors: The Journal of the Human Factors and Ergonomics Society, 1994, 36(4): 670-683.

[97] Miller M W, Rietschel J C, McDonald C G, et al. A novel approach to the physiological measurement of mental workload. International Journal of Psychophysiology, 2011, 80(1): 75-78.

[98] Dahlstrom N, Nählinder S. Mental workload in aircraft and simulator during basic civil aviation training. The International Journal of Aviation Psychology, 2009, 19(4): 309-325.

[99] Noel J B, Bauer K W, Lanning J W. Improving pilot mental workload classification through feature exploitation and combination: A feasibility study. Computers & Operations Research, 2005, 32(10): 2713-2730.

[100] 李金波, 许百华. 人机交互过程中认知负荷的综合测评方法. 心理学报, 2009, 41(1): 35-43.

[101] 李金波, 许百华, 田学红. 人机交互中认知负荷变化预测模型的构建. 心理学报, 2010, (5): 559-568.

[102] Mazaeva N, Ntuen C, Lebby G. Self-organizing map (SOM) model for mental workload classification//IFSA World Congress and 20th NAFIPS International Conference, New York, 2001: 1822-1825.

[103] 赵仑. ERP 实验教程. 南京: 东南大学出版社, 2010.

[104] 魏景汉, 罗跃嘉. 事件相关电位原理与技术. 北京: 科学出版社, 2010.

[105] Näätänen R, Gaillard A W K, Mäntysalo S. Early selective-attention effect on evoked potential reinterpreted. Acta Psychologica, 1978, 42(4): 313-329.

[106] Näätänen R, Paavilainen P, Rinne T, et al. The mismatch negativity (MMN) in basic research of central auditory processing: A review. Clinical Neurophysiology, 2007, 118(12): 2544-2590.

[107] Näätänen R. The perception of speech sounds by the human brain as reflected by the mismatch negativity (MMN) and its magnetic equivalent (MMNm). Psychophysiology, 2001, 38(1): 1-21.

[108] Näätänen R, Jacobsen T, Winkler I. Memory-based or afferent processes in mismatch negativity (MMN): A review of the evidence. Psychophysiology, 2005, 42(1): 25-32.

[109] Sutton S, Braren M, Zubin J, et al. Evoked-potential correlates of stimulus uncertainty. Science, 1965, 150(3700): 1187-1188.

[110] Polich J. Updating P300: An integrative theory of P3a and P3b. Clinical Neurophysiology, 2007, 118(10): 2128-2148.

[111] Polich J, Criado J R. Neuropsychology and neuropharmacology of P3a and P3b. International Journal of Psychophysiology, 2006, 60(2): 172-185.

[112] 曾祥炎, 陈军. E-Prime 实验设计技术. 广州: 暨南大学出版社, 2009.

[113] 薛薇. SPSS 统计分析方法及应用. 3 版. 北京: 电子工业出版社, 2013.

[114] 陈胜可. SPSS 统计分析从入门到精通. 北京: 清华大学出版社, 2010.

[115] 杨维忠, 张甜. SPSS 统计分析与行业应用案例详解. 北京: 清华大学出版社, 2011.

[116] 丁国盛, 李涛. SPSS 统计教程——从实验设计到数据分析. 北京: 机械工业出版社, 2005.

[117] Caldwell J L, Gilreath S R, Norman D N. A survey of work and sleep hours of US army aviation personnel. Ohio: USAARL-99-16, 1999.

[118] 吕静. 脑力疲劳状态下注意特征及情绪变化的 ERP 研究. 西安: 第四军医大学, 2008.

[119] Kok A. On the utility of P3 amplitude as a measure of processing capacity. Psychophysiology, 2001, 38(3): 557-577.

[120] 完颜笑如, 庄达民, 刘伟. 脑力负荷对前注意加工的影响与分析. 北京航空航天大学学报, 2012, 38(4): 497-501.

[121] Lavie N. Perceptual load as a necessary condition for selective attention. Journal of Experimental Psychology, 1995, 21(3): 451-468.

[122] Marco P J, Grau C, Ruffini G. Combined ICA-LORETA analysis of mismatch negativity. Neuroimage, 2005, 25(2): 471-477.

[123] 宋国萍, 张侃. 驾驶疲劳后听觉信息自动加工的 ERP 研究. 人类工效学, 2011, 17(4): 1-4.

[124] Zhang P, Chen X, Yuan P, et al. The effect of visuospatial attentional load on the processing of irrelevant acoustic distracters. Neuroimage, 2006, 33(2): 715-724.

[125] Lv J Y, Wang T, Qiu J, et al. The electrophysiological effect of working memory load on involuntary attention in an auditory-visual distraction paradigm: An ERP study. Experimental Brain Research, 2010, 205(1): 81-86.

[126] Murata A, Uetake A, Takasawa Y. Evaluation of mental fatigue using feature parameter extracted from event-related potential. International Journal of Industrial Ergonomics, 2005, 35(8): 761-770.

[127] Miyake S. Factors influencing mental workload indexes. Journal of UOEH, 1997, 19(4): 313-325.

[128] Grootjen M, Neerincx M A, Veltman J A. Cognitive task load in a naval ship control centre: From identification to prediction. Ergonomics, 2006, 49(12-13): 1238-1264.

[129] di Domenico A, Nussbaum M A. Effects of different physical workload parameters on mental workload and performance. International Journal of Industrial Ergonomics, 2011, 41(3): 255-260.

[130] Porges S W, Byrne E A. Research methods for measurement of heart rate and respiration. Biological Psychology, 1992, 34(2): 93-130.

[131] Backs R W. Going beyond heart rate: Autonomic space and cardiovascular assessment of mental workload. The International Journal of Aviation Psychology, 1995, 5(1): 25-48.

[132] Muth E R, Moss J D, Rosopa P J, et al. Respiratory sinus arrhythmia as a measure of cognitive workload. International Journal of Psychophysiology, 2012, 83(1): 96-101.

[133] 付川云. 疲劳状态下驾驶人生理及眼动特征研究. 哈尔滨: 哈尔滨工业大学, 2011.

[134] Karavidas M K, Lehrer P M, Lu S E, et al. The effects of workload on respiratory variables in simulated

flight: A preliminary study. Biological Psychology, 2010, 84(1): 157-160.

[135] Fishel S R, Muth E R, Hoover A W, et al. Determining the resolution of a real-time arousal gauge//Defense and Security Symposium. International Society for Optics and Photonics, New York, 2006: 621816.

[136] Wilson G F, Caldwell J A, Russell C A. Performance and psychophysiological measures of fatigue effects on aviation related tasks of varying difficulty. The International Journal of Aviation Psychology, 2007, 17(2): 219-247.

[137] Wei Z M, Zhuang D M, Wanyan X R, et al. A model for discrimination and prediction of mental workload of aircraft cockpit display interface. Chinese Journal of Aeronautics, 2014, 27(5): 1070-1077.

[138] Sweller J. Cognitive load during problem solving: Effects on learning. Cognitive Science, 1988, 12(2): 257-285.

[139] Lavie N, Hirst A, de Fockert J W, et al. Load theory of selective attention and cognitive control. Journal of Experimental Psychology: General, 2004, 133(3): 339-354.

# 附录 A   主观评价量表

## 表 A.1   改进的 NASA_TLX 量表

| 6 个问题 | 对实验的主观感受(相应的分值) | | 打分 |
|---|---|---|---|
| 本实验任务对您的"脑力需求"如何? | 太高,根本完不成(worthless) | 90～100 | |
| | 非常高(fail) | 80～90 | |
| | 高(poor) | 70～80 | |
| | 一般(fair) | 60～70 | |
| | 低(good) | 50～60 | |
| | 非常低(excellent) | ≤50 | |
| 本实验任务对您的"体力需求"如何? | 太高,根本完不成(worthless) | 90～100 | |
| | 非常高(fail) | 80～90 | |
| | 高(poor) | 70～80 | |
| | 一般(fair) | 60～70 | |
| | 低(good) | 50～60 | |
| | 非常低(excellent) | ≤50 | |
| 在本实验任务中,您对"时间需求"的感觉如何? | 太快,根本完不成(worthless) | 90～100 | |
| | 非常快(fail) | 80～90 | |
| | 快(poor) | 70～80 | |
| | 一般(fair) | 60～70 | |
| | 慢(good) | 50～60 | |
| | 非常慢(excellent) | ≤50 | |
| 在本实验任务中,您的"努力程度"如何? | 太大,根本完不成(worthless) | 90～100 | |
| | 非常大(fail) | 80～90 | |
| | 大(poor) | 70～80 | |
| | 一般(fair) | 60～70 | |
| | 小(good) | 50～60 | |
| | 非常小(excellent) | ≤50 | |

续表

| 6 个问题 | 对实验的主观感受(相应的分值) | | 打分 |
|---|---|---|---|
| 您对本实验任务中的"绩效水平"感觉如何? | 非常满意(excellent) | <50 | |
| | 满意(good) | 50~60 | |
| | 一般(fair) | 60~70 | |
| | 不满意(poor) | 70~80 | |
| | 非常不满意(fail) | 80~90 | |
| | 太复杂，根本完不成(worthless) | 90~100 | |
| 在本实验任务中，您的"烦恼程度"如何? | 太烦恼，根本完不成(worthless) | 90~100 | |
| | 非常烦恼(fail) | 80~90 | |
| | 烦恼(poor) | 70~80 | |
| | 一般(fair) | 60~70 | |
| | 不烦恼(good) | 50~60 | |
| | 非常不烦恼(excellent) | <50 | |

### 表 A.2　改进的 NASA_TLX 量表两两对比

| A | B | A 重要 | B 重要 |
|---|---|---|---|
| 脑力需求 | 体力需求 | | |
| | 时间需求 | | |
| | 努力程度 | | |
| | 绩效水平 | | |
| | 受挫程度 | | |
| 体力需求 | 时间需求 | | |
| | 努力程度 | | |
| | 绩效水平 | | |
| | 受挫程度 | | |
| 时间需求 | 努力程度 | | |
| | 绩效水平 | | |
| | 受挫程度 | | |
| 努力程度 | 绩效水平 | | |
| | 受挫程度 | | |
| 绩效水平 | 受挫程度 | | |

# 附录 B 实验 2 原始数据

**表 B.1 低负荷状态下主飞行绩效数据**

| 被试编号 | 绩效指标 | 空速 | 高度 | 俯仰角 |
|---|---|---|---|---|
| 1 | 正确率 | 1.000000 | 0.942857 | 0.971429 |
| | 反应时/ms | 0.789340 | 0.727509 | 0.843038 |
| 2 | 正确率 | 1.000000 | 0.971429 | 0.942857 |
| | 反应时/ms | 0.662013 | 0.603870 | 0.607800 |
| 3 | 正确率 | 1.000000 | 1.000000 | 0.971429 |
| | 反应时/ms | 0.759422 | 0.825550 | 0.791353 |
| 4 | 正确率 | 0.942857 | 1.000000 | 0.971429 |
| | 反应时/ms | 0.886686 | 0.797852 | 0.749436 |
| 5 | 正确率 | 1.000000 | 0.971429 | 1.000000 |
| | 反应时/ms | 0.751106 | 0.789942 | 0.764207 |
| 6 | 正确率 | 1.000000 | 0.971429 | 0.971429 |
| | 反应时/ms | 0.813492 | 0.793590 | 0.741593 |
| 7 | 正确率 | 0.971429 | 1.000000 | 0.942857 |
| | 反应时/ms | 0.732089 | 0.739173 | 0.761243 |
| 8 | 正确率 | 0.971429 | 0.971429 | 1.000000 |
| | 反应时/ms | 0.793760 | 0.805190 | 0.768760 |
| 9 | 正确率 | 1.000000 | 1.000000 | 0.971429 |
| | 反应时/ms | 0.677234 | 0.745986 | 0.674025 |
| 10 | 正确率 | 1.000000 | 0.971429 | 1.000000 |
| | 反应时/ms | 0.788955 | 0.782472 | 0.739412 |
| 11 | 正确率 | 0.971429 | 0.971429 | 0.971429 |
| | 反应时/ms | 0.870369 | 0.907393 | 0.759178 |
| 12 | 正确率 | 0.942857 | 0.800000 | 0.885714 |
| | 反应时/ms | 0.848372 | 0.937617 | 0.821544 |
| 13 | 正确率 | 1.000000 | 0.942857 | 1.000000 |
| | 反应时/ms | 0.705143 | 0.674821 | 0.601218 |

| 被试编号 | 绩效指标 | 空速 | 高度 | 俯仰角 |
|---|---|---|---|---|
| 14 | 正确率 | 0.966667 | 1.000000 | 1.000000 |
| | 反应时/ms | 0.805439 | 0.810236 | 0.713454 |
| 15 | 正确率 | 0.971429 | 0.971429 | 0.971429 |
| | 反应时/ms | 0.795010 | 0.755012 | 0.716964 |
| 16 | 正确率 | 1.000000 | 1.000000 | 1.000000 |
| | 反应时/ms | 0.853313 | 0.831041 | 0.809533 |

**表 B.2　中负荷状态下主飞行绩效数据**

| 被试编号 | 绩效指标 | 空速 | 高度 | 航向 | 俯仰角 | 方向舵 | 起落架 |
|---|---|---|---|---|---|---|---|
| 1 | 正确率 | 0.971429 | 0.857143 | 0.742857 | 0.857143 | 0.771429 | 0.657143 |
| | 反应时/ms | 0.947072 | 1.005930 | 1.015930 | 0.835980 | 1.099180 | 1.176070 |
| 2 | 正确率 | 0.914286 | 0.942857 | 0.800000 | 0.971429 | 0.914286 | 0.971429 |
| | 反应时/ms | 0.848352 | 0.885888 | 0.941741 | 0.817474 | 0.902336 | 0.842314 |
| 3 | 正确率 | 1.000000 | 0.914286 | 0.914286 | 0.885714 | 0.914286 | 0.800000 |
| | 反应时/ms | 0.856515 | 0.846460 | 1.031900 | 0.835293 | 0.986984 | 1.062910 |
| 4 | 正确率 | 0.914286 | 0.914286 | 0.628571 | 0.771429 | 0.800000 | 0.714286 |
| | 反应时/ms | 0.826841 | 0.881504 | 0.972897 | 0.845170 | 1.002960 | 1.040310 |
| 5 | 正确率 | 0.914286 | 0.914286 | 0.571429 | 0.885714 | 0.971429 | 0.514286 |
| | 反应时/ms | 1.01654 | 0.948413 | 1.182570 | 0.884395 | 1.036020 | 1.136530 |
| 6 | 正确率 | 0.857143 | 0.914286 | 0.628571 | 0.885714 | 0.714286 | 0.771429 |
| | 反应时/ms | 0.979239 | 0.979815 | 1.266700 | 0.885779 | 1.120630 | 0.944106 |
| 7 | 正确率 | 1.000000 | 0.885714 | 0.771429 | 0.971429 | 0.657143 | 0.657143 |
| | 反应时/ms | 0.898651 | 0.970155 | 1.081840 | 0.826762 | 1.150740 | 1.080630 |
| 8 | 正确率 | 0.914286 | 0.971429 | 0.800000 | 0.885714 | 0.885714 | 0.828571 |
| | 反应时/ms | 0.890757 | 1.046270 | 1.077910 | 0.960578 | 0.964505 | 1.035850 |
| 9 | 正确率 | 0.942857 | 0.914286 | 0.542857 | 0.857143 | 0.771429 | 0.857143 |
| | 反应时/ms | 0.885669 | 0.886920 | 0.963133 | 0.879119 | 0.946242 | 0.959765 |
| 10 | 正确率 | 0.971429 | 0.885714 | 0.657143 | 0.971429 | 0.828571 | 0.600000 |
| | 反应时/ms | 0.857787 | 0.821958 | 0.989394 | 0.937520 | 0.979997 | 1.094790 |
| 11 | 正确率 | 0.857143 | 0.885714 | 0.114286 | 0.971429 | 0.657143 | 0.600000 |
| | 反应时/ms | 1.079090 | 1.071710 | 0.735092 | 1.003990 | 1.242360 | 1.186260 |

续表

| 被试编号 | 绩效指标 | 空速 | 高度 | 航向 | 俯仰角 | 方向舵 | 起落架 |
|---|---|---|---|---|---|---|---|
| 12 | 正确率 | 0.857143 | 0.828571 | 0.457143 | 0.885714 | 0.514286 | 0.628571 |
| | 反应时/ms | 0.985633 | 0.907577 | 1.034890 | 0.900005 | 1.082150 | 1.309920 |
| 13 | 正确率 | 0.857143 | 0.828571 | 0.628571 | 0.914286 | 0.885714 | 0.628571 |
| | 反应时/ms | 0.911823 | 0.970492 | 1.056620 | 0.901098 | 0.934752 | 1.059120 |
| 14 | 正确率 | 1.000000 | 0.933333 | 0.800000 | 1.000000 | 0.966667 | 0.766667 |
| | 反应时/ms | 0.784686 | 0.848904 | 0.950478 | 0.907501 | 0.930879 | 1.085400 |
| 15 | 正确率 | 0.933333 | 0.966667 | 0.666667 | 0.833333 | 0.800000 | 0.500000 |
| | 反应时/ms | 0.958887 | 0.799458 | 0.872300 | 0.796667 | 1.086860 | 1.120420 |
| 16 | 正确率 | 0.966667 | 1.000000 | 0.466667 | 0.933333 | 0.633333 | 0.566667 |
| | 反应时/ms | 0.811733 | 0.868526 | 0.930553 | 0.769336 | 1.121200 | 1.007450 |

### 表 B.3　高负荷状态下主飞行绩效数据

| 被试编号 | 绩效指标 | 空速 | 高度 | 副翼 | 航向 | 俯仰角 | 滚转角 | 方向舵 | 起落架 | 发动机 |
|---|---|---|---|---|---|---|---|---|---|---|
| 1 | 正确率 | 0.857143 | 0.885714 | 0.800000 | 0.571429 | 0.828571 | 0.942857 | 0.742857 | 0.514286 | 0.600000 |
| | 反应时/ms | 1.059980 | 0.900983 | 1.120070 | 1.166480 | 0.990595 | 1.002710 | 1.216710 | 1.130480 | 1.172660 |
| 2 | 正确率 | 0.914286 | 0.914286 | 0.600000 | 0.657143 | 0.914286 | 0.914286 | 0.828571 | 0.657143 | 0.857143 |
| | 反应时/ms | 0.896041 | 0.899765 | 1.080530 | 0.938840 | 0.959767 | 1.052420 | 1.132040 | 0.868674 | 0.895575 |
| 3 | 正确率 | 0.942857 | 0.800000 | 0.914286 | 0.628571 | 0.914286 | 0.971429 | 0.828571 | 0.514286 | 0.857143 |
| | 反应时/ms | 0.945298 | 0.914776 | 1.124410 | 1.056520 | 0.942648 | 1.122060 | 1.090320 | 0.990358 | 0.973423 |
| 4 | 正确率 | 0.771429 | 0.800000 | 0.771429 | 0.514286 | 0.885714 | 0.800000 | 0.742857 | 0.571429 | 0.857143 |
| | 反应时/ms | 1.002620 | 0.916689 | 0.877293 | 1.177870 | 1.005390 | 1.151080 | 1.214830 | 1.186650 | 0.838893 |
| 5 | 正确率 | 0.857143 | 0.885714 | 0.800000 | 0.628571 | 0.971429 | 0.800000 | 0.742857 | 0.428571 | 0.657143 |
| | 反应时/ms | 1.008180 | 1.012000 | 1.128460 | 1.080910 | 1.148260 | 1.356370 | 1.171570 | 1.177790 | 0.974459 |
| 6 | 正确率 | 0.942857 | 0.628571 | 0.771429 | 0.285714 | 0.914286 | 0.685714 | 0.628571 | 0.428571 | 0.828571 |
| | 反应时/ms | 1.024560 | 1.014820 | 0.983249 | 1.252760 | 0.962448 | 1.028360 | 1.260620 | 1.249600 | 0.957446 |
| 7 | 正确率 | 0.885714 | 0.885714 | 0.485714 | 0.685714 | 0.971429 | 0.914286 | 0.685714 | 0.485714 | 0.771429 |
| | 反应时/ms | 1.025810 | 1.005270 | 1.054760 | 1.095970 | 1.012590 | 1.060870 | 1.022100 | 1.351750 | 0.923936 |
| 8 | 正确率 | 0.942857 | 0.742857 | 0.828571 | 0.685714 | 0.857143 | 0.857143 | 0.742857 | 0.542857 | 0.885714 |
| | 反应时/ms | 1.062020 | 0.967271 | 1.040500 | 1.095210 | 0.982609 | 0.992647 | 1.074820 | 1.146720 | 1.009400 |
| 9 | 正确率 | 0.800000 | 0.857143 | 0.657143 | 0.428571 | 0.942857 | 0.971429 | 0.714286 | 0.571429 | 0.857143 |
| | 反应时/ms | 0.838314 | 0.851256 | 1.003210 | 1.022910 | 0.954130 | 1.040630 | 1.021140 | 0.892900 | 1.022210 |
| 10 | 正确率 | 0.914286 | 0.971429 | 0.800000 | 0.657143 | 0.800000 | 0.971429 | 0.771429 | 0.457143 | 0.771429 |
| | 反应时/ms | 0.977639 | 0.783435 | 1.009410 | 1.029190 | 0.981611 | 1.084640 | 1.062650 | 0.965137 | 0.910422 |

续表

| 被试编号 | 绩效指标 | 空速 | 高度 | 副翼 | 航向 | 俯仰角 | 滚转角 | 方向舵 | 起落架 | 发动机 |
|---|---|---|---|---|---|---|---|---|---|---|
| 11 | 正确率 | 0.657143 | 0.942857 | 0.685714 | 0.0857143 | 0.857143 | 0.628571 | 0.542857 | 0.400000 | 0.942857 |
| | 反应时/ms | 1.085470 | 1.106690 | 1.278540 | 0.776810 | 0.980905 | 1.295850 | 1.268520 | 1.201570 | 1.146790 |
| 12 | 正确率 | 0.800000 | 0.742857 | 0.714286 | 0.514286 | 0.885714 | 0.628571 | 0.600000 | 0.257143 | 0.628571 |
| | 反应时/ms | 1.063320 | 0.925562 | 1.097840 | 1.101820 | 1.027380 | 1.277320 | 1.166070 | 1.172190 | 1.126480 |
| 13 | 正确率 | 0.914286 | 0.771429 | 0.571429 | 0.628571 | 0.828571 | 0.857143 | 0.685714 | 0.457143 | 0.714286 |
| | 反应时/ms | 1.003230 | 1.018980 | 1.153230 | 1.082230 | 0.948148 | 1.349400 | 0.939294 | 1.228780 | 1.181810 |
| 14 | 正确率 | 0.933333 | 0.866667 | 0.733333 | 0.633333 | 0.900000 | 0.866667 | 0.466667 | 0.500000 | 0.733333 |
| | 反应时/ms | 0.920316 | 0.921647 | 0.954475 | 1.022010 | 0.947727 | 1.139880 | 1.062200 | 0.917103 | 0.919597 |
| 15 | 正确率 | 0.900000 | 0.700000 | 0.733333 | 0.666667 | 0.866667 | 0.833333 | 0.600000 | 0.433333 | 0.666667 |
| | 反应时/ms | 1.112590 | 0.971195 | 1.001780 | 0.943443 | 0.984575 | 1.131690 | 1.102430 | 1.198320 | 0.919138 |
| 16 | 正确率 | 0.666667 | 0.633333 | 0.633333 | 0.233333 | 0.900000 | 0.966667 | 0.233333 | 0.466667 | 0.833333 |
| | 反应时/ms | 1.025820 | 0.946636 | 1.052740 | 0.992085 | 0.897299 | 1.114320 | 1.092590 | 1.191340 | 0.940313 |

表 B.4　低负荷任务状态下被试主观评价数据统计

| 被试编号 | 脑力需求 | 体力需求 | 时间需求 | 努力程度 | 绩效水平 | 受挫程度 |
|---|---|---|---|---|---|---|
| 1 | 50 | 55 | 50 | 50 | 55 | 50 |
| 2 | 30 | 30 | 30 | 40 | 20 | 30 |
| 3 | 60 | 50 | 55 | 60 | 50 | 50 |
| 4 | 66 | 56 | 56 | 66 | 66 | 56 |
| 5 | 68 | 68 | 72 | 70 | 50 | 60 |
| 6 | 50 | 65 | 60 | 60 | 60 | 50 |
| 7 | 40 | 40 | 51 | 55 | 57 | 51 |
| 8 | 70 | 50 | 60 | 80 | 60 | 50 |
| 9 | 60 | 50 | 50 | 80 | 50 | 50 |
| 10 | 50 | 50 | 50 | 50 | 50 | 50 |
| 11 | 65 | 60 | 50 | 70 | 70 | 80 |
| 12 | 60 | 55 | 60 | 65 | 50 | 60 |
| 13 | 60 | 50 | 50 | 50 | 50 | 50 |
| 14 | 55 | 51 | 40 | 65 | 65 | 40 |
| 15 | 40 | 60 | 50 | 55 | 10 | 20 |
| 16 | 55 | 55 | 60 | 40 | 10 | 10 |

表 B.5　中负荷任务状态下被试主观评价数据统计

| 被试编号 | 脑力需求 | 体力需求 | 时间需求 | 努力程度 | 绩效水平 | 受挫程度 |
|---|---|---|---|---|---|---|
| 1 | 65 | 60 | 60 | 60 | 55 | 55 |
| 2 | 55 | 50 | 45 | 55 | 50 | 45 |
| 3 | 80 | 75 | 80 | 80 | 50 | 50 |
| 4 | 76 | 66 | 76 | 70 | 66 | 66 |
| 5 | 72 | 68 | 75 | 78 | 65 | 60 |
| 6 | 65 | 65 | 60 | 65 | 65 | 50 |
| 7 | 65 | 55 | 61 | 72 | 55 | 52 |
| 8 | 80 | 50 | 70 | 80 | 60 | 50 |
| 9 | 70 | 60 | 60 | 75 | 60 | 50 |
| 10 | 65 | 65 | 65 | 65 | 60 | 60 |
| 11 | 65 | 70 | 60 | 75 | 65 | 80 |
| 12 | 70 | 80 | 80 | 70 | 70 | 60 |
| 13 | 60 | 52 | 65 | 60 | 52 | 50 |
| 14 | 58 | 58 | 65 | 65 | 62 | 55 |
| 15 | 65 | 50 | 55 | 60 | 40 | 50 |
| 16 | 65 | 55 | 65 | 65 | 55 | 55 |

表 B.6　高负荷任务状态下被试主观评价数据统计

| 被试编号 | 脑力需求 | 体力需求 | 时间需求 | 努力程度 | 绩效水平 | 受挫程度 |
|---|---|---|---|---|---|---|
| 1 | 80 | 70 | 75 | 80 | 60 | 65 |
| 2 | 70 | 75 | 70 | 80 | 55 | 60 |
| 3 | 92 | 92 | 95 | 95 | 90 | 90 |
| 4 | 88 | 76 | 88 | 80 | 66 | 60 |
| 5 | 75 | 70 | 78 | 80 | 60 | 60 |
| 6 | 68 | 70 | 65 | 70 | 55 | 50 |
| 7 | 85 | 66 | 83 | 85 | 56 | 52 |
| 8 | 85 | 60 | 80 | 80 | 60 | 50 |
| 9 | 80 | 75 | 60 | 75 | 65 | 50 |
| 10 | 75 | 75 | 75 | 75 | 65 | 60 |
| 11 | 65 | 75 | 70 | 80 | 70 | 80 |
| 12 | 80 | 80 | 85 | 85 | 60 | 70 |
| 13 | 70 | 65 | 70 | 72 | 55 | 50 |
| 14 | 75 | 75 | 65 | 78 | 65 | 65 |
| 15 | 70 | 70 | 55 | 80 | 50 | 65 |
| 16 | 80 | 70 | 80 | 80 | 60 | 70 |

**表 B.7　对照负荷状态下被试心电数据统计**

| 被试编号 | Mean HR | RRI Count | Mean RRI | Max RRI | Min RRI | Max/Min RRI | SDNN |
|---|---|---|---|---|---|---|---|
| 1 | 79 | 396 | 754 | 856 | 620 | 1.38 | 39 |
| 2 | 73 | 367 | 815 | 1048 | 656 | 1.59 | 84 |
| 3 | 81 | 408 | 732 | 856 | 552 | 1.55 | 61 |
| 4 | 71 | 357 | 837 | 976 | 684 | 1.42 | 52 |
| 5 | 66 | 333 | 897 | 972 | 712 | 1.36 | 35 |
| 6 | 72 | 352 | 829 | 1020 | 680 | 1.5 | 57 |
| 7 | 59 | 299 | 1000 | 1108 | 828 | 1.33 | 51 |
| 8 | 83 | 416 | 718 | 880 | 608 | 1.44 | 52 |
| 9 | 81 | 404 | 739 | 900 | 640 | 1.4 | 52 |
| 10 | 81 | 406 | 736 | 860 | 612 | 1.4 | 47 |
| 11 | 95 | 474 | 630 | 720 | 572 | 1.25 | 27 |
| 12 | 71 | 356 | 839 | 980 | 684 | 1.43 | 64 |
| 13 | 81 | 408 | 733 | 912 | 580 | 1.57 | 57 |
| 14 | 89 | 448 | 668 | 752 | 596 | 1.26 | 29 |
| 15 | 59 | 271 | 1001 | 1208 | 716 | 1.68 | 92 |
| 16 | 57 | 289 | 820 | 1288 | 820 | 1.57 | 55 |

**表 B.8　低负荷状态下被试心电数据统计**

| 被试编号 | Mean HR | RRI Count | Mean RRI | Max RRI | Min RRI | Max/Min RRI | SDNN |
|---|---|---|---|---|---|---|---|
| 1 | 75 | 377 | 793 | 888 | 668 | 1.32 | 33 |
| 2 | 71 | 354 | 843 | 1096 | 632 | 1.73 | 89 |
| 3 | 78 | 393 | 760 | 856 | 616 | 1.38 | 40 |
| 4 | 73 | 367 | 814 | 940 | 680 | 1.38 | 46 |
| 5 | 73 | 364 | 821 | 924 | 700 | 1.32 | 40 |
| 6 | 67 | 337 | 888 | 1032 | 348 | 2.96 | 57 |
| 7 | 58 | 293 | 1019 | 1144 | 864 | 1.32 | 45 |
| 8 | 84 | 422 | 708 | 856 | 584 | 1.46 | 45 |
| 9 | 87 | 434 | 683 | 816 | 588 | 1.38 | 36 |
| 10 | 84 | 422 | 709 | 888 | 616 | 1.44 | 45 |
| 11 | 94 | 470 | 636 | 720 | 580 | 1.24 | 25 |
| 12 | 69 | 345 | 866 | 992 | 724 | 1.37 | 55 |
| 13 | 75 | 375 | 798 | 948 | 616 | 1.53 | 52 |
| 14 | 91 | 458 | 653 | 772 | 564 | 1.36 | 35 |
| 15 | 59 | 294 | 1016 | 1292 | 780 | 1.65 | 94 |
| 16 | 60 | 300 | 816 | 1124 | 816 | 1.37 | 48 |

表 **B.9** 中负荷状态下被试心电数据统计

| 被试编号 | Mean HR | RRI Count | Mean RRI | Max RRI | Min RRI | Max/Min RRI | SDNN |
|---|---|---|---|---|---|---|---|
| 1 | 74 | 373 | 802 | 892 | 700 | 1.27 | 28 |
| 2 | 65 | 329 | 909 | 1124 | 692 | 1.62 | 87 |
| 3 | 80 | 400 | 746 | 868 | 616 | 1.4 | 37 |
| 4 | 77 | 388 | 770 | 912 | 688 | 1.32 | 44 |
| 5 | 74 | 372 | 804 | 876 | 724 | 1.2 | 29 |
| 6 | 65 | 324 | 921 | 1044 | 804 | 1.29 | 49 |
| 7 | 59 | 294 | 1016 | 1116 | 868 | 1.28 | 40 |
| 8 | 91 | 456 | 655 | 792 | 584 | 1.35 | 30 |
| 9 | 90 | 451 | 663 | 752 | 328 | 2.29 | 32 |
| 10 | 78 | 392 | 762 | 908 | 656 | 1.38 | 45 |
| 11 | 104 | 522 | 573 | 676 | 520 | 1.3 | 19 |
| 12 | 69 | 344 | 868 | 1016 | 744 | 1.36 | 55 |
| 13 | 78 | 394 | 760 | 900 | 620 | 1.45 | 47 |
| 14 | 91 | 455 | 657 | 744 | 596 | 1.24 | 24 |
| 15 | 64 | 320 | 928 | 1020 | 264 | 3.86 | 76 |
| 16 | 60 | 299 | 880 | 1160 | 880 | 1.31 | 51 |

表 **B.10** 高负荷状态下被试心电数据统计

| 被试编号 | Mean HR | RRI Count | Mean RRI | Max RRI | Min RRI | Max/Min RRI | SDNN |
|---|---|---|---|---|---|---|---|
| 1 | 74 | 372 | 803 | 872 | 684 | 1.27 | 27 |
| 2 | 68 | 342 | 873 | 1096 | 692 | 1.58 | 75 |
| 3 | 80 | 402 | 743 | 808 | 636 | 1.27 | 27 |
| 4 | 74 | 371 | 806 | 892 | 728 | 1.22 | 30 |
| 5 | 71 | 355 | 843 | 952 | 756 | 1.25 | 37 |
| 6 | 93 | 465 | 643 | 804 | 444 | 1.81 | 25 |
| 7 | 64 | 323 | 926 | 1000 | 808 | 1.23 | 39 |
| 8 | 98 | 485 | 610 | 712 | 548 | 1.29 | 26 |
| 9 | 83 | 417 | 716 | 836 | 616 | 1.35 | 37 |
| 10 | 78 | 389 | 768 | 880 | 664 | 1.32 | 37 |
| 11 | 104 | 519 | 576 | 640 | 520 | 1.23 | 19 |
| 12 | 68 | 340 | 879 | 1004 | 728 | 1.37 | 48 |
| 13 | 80 | 398 | 748 | 1016 | 304 | 3.34 | 69 |
| 14 | 92 | 460 | 649 | 768 | 572 | 1.34 | 29 |
| 15 | 63 | 317 | 939 | 1088 | 332 | 3.27 | 85 |
| 16 | 59 | 297 | 804 | 1136 | 804 | 1.41 | 44 |

# 附录 C  实验 3 原始数据

**表 C.1  低负荷状态下主飞行绩效**

| 被试编号 | 绩效数据 | 空速 | 高度 | 俯仰角 |
|---|---|---|---|---|
| 1 | 正确率 | 0.942857 | 1.000000 | 0.942857 |
| | 反应时/ms | 0.862906 | 0.898386 | 0.787234 |
| 2 | 正确率 | 1.000000 | 0.971429 | 0.914286 |
| | 反应时/ms | 0.875812 | 0.786575 | 0.741633 |
| 3 | 正确率 | 1.000000 | 0.971429 | 1.000000 |
| | 反应时/ms | 0.753476 | 0.719934 | 0.775984 |
| 4 | 正确率 | 1.000000 | 1.000000 | 0.942857 |
| | 反应时/ms | 0.864672 | 0.758627 | 0.794741 |
| 5 | 正确率 | 1.000000 | 1.000000 | 1.000000 |
| | 反应时/ms | 0.961041 | 1.029310 | 0.924511 |
| 6 | 正确率 | 1.000000 | 1.000000 | 1.000000 |
| | 反应时/ms | 0.770146 | 0.762264 | 0.736482 |
| 7 | 正确率 | 1.000000 | 0.914286 | 0.942857 |
| | 反应时/ms | 0.779650 | 0.761827 | 0.742859 |
| 8 | 正确率 | 1.000000 | 1.000000 | 1.000000 |
| | 反应时/ms | 0.737782 | 0.746071 | 0.731727 |
| 9 | 正确率 | 1.000000 | 0.971429 | 1.000000 |
| | 反应时/ms | 0.919788 | 0.823042 | 0.912606 |
| 10 | 正确率 | 0.971429 | 1.000000 | 1.000000 |
| | 反应时/ms | 0.749573 | 0.833620 | 0.753584 |
| 11 | 正确率 | 0.942857 | 0.971429 | 0.971429 |
| | 反应时/ms | 0.765112 | 0.753502 | 0.729822 |
| 12 | 正确率 | 0.942857 | 1.000000 | 0.971429 |
| | 反应时/ms | 0.865207 | 0.818985 | 0.743809 |
| 13 | 正确率 | 0.971429 | 1.000000 | 0.914286 |
| | 反应时/ms | 0.948502 | 0.871409 | 0.765835 |

表 C.2　高负荷状态下主飞行绩效

| 被试编号 | 绩效指标 | 空速 | 高度 | 航向 | 俯仰角 | 方向舵 | 起落架 |
|---|---|---|---|---|---|---|---|
| 1 | 正确率 | 0.800000 | 0.771429 | 0.400000 | 0.771429 | 0.628571 | 0.514286 |
| | 反应时/ms | 0.999164 | 0.882722 | 0.930950 | 0.802999 | 0.857074 | 0.923787 |
| 2 | 正确率 | 0.914286 | 0.857143 | 0.657143 | 0.942857 | 0.828571 | 0.657143 |
| | 反应时/ms | 0.773407 | 0.765995 | 0.818745 | 0.709838 | 0.749556 | 0.813383 |
| 3 | 正确率 | 0.800000 | 0.657143 | 0.257143 | 0.800000 | 0.600000 | 0.714286 |
| | 反应时/ms | 0.829708 | 0.917307 | 0.872214 | 0.812545 | 0.968579 | 0.861283 |
| 4 | 正确率 | 0.942857 | 0.800000 | 0.542857 | 0.828571 | 0.657143 | 0.514286 |
| | 反应时/ms | 0.835020 | 0.815072 | 0.904086 | 0.772339 | 0.842830 | 0.944641 |
| 5 | 正确率 | 0.857143 | 0.914286 | 0.400000 | 0.914286 | 0.800000 | 0.600000 |
| | 反应时/ms | 0.906621 | 0.863365 | 1.035590 | 0.911980 | 0.861003 | 0.779497 |
| 6 | 正确率 | 0.800000 | 0.828571 | 0.600000 | 0.857143 | 0.914286 | 0.971429 |
| | 反应时/ms | 0.750463 | 0.826306 | 0.809449 | 0.777352 | 0.807075 | 0.852878 |
| 7 | 正确率 | 0.942857 | 0.857143 | 0.628571 | 0.828571 | 0.714286 | 0.628571 |
| | 反应时/ms | 0.921570 | 0.840055 | 0.818405 | 0.778431 | 0.804147 | 0.879121 |
| 8 | 正确率 | 0.971429 | 0.800000 | 0.600000 | 0.857143 | 0.857143 | 0.657143 |
| | 反应时/ms | 0.778277 | 0.864263 | 0.795138 | 0.764050 | 0.797250 | 0.869257 |
| 9 | 正确率 | 0.885714 | 0.857143 | 0.314286 | 0.885714 | 0.800000 | 0.542857 |
| | 反应时/ms | 0.939306 | 0.887592 | 0.934280 | 0.997637 | 1.034910 | 0.888596 |
| 10 | 正确率 | 0.828571 | 0.828571 | 0.771429 | 0.771429 | 0.685714 | 0.542857 |
| | 反应时/ms | 0.878754 | 0.974122 | 0.962997 | 0.853743 | 0.925961 | 0.740772 |
| 11 | 正确率 | 0.914286 | 0.857143 | 0.428571 | 0.971429 | 0.771429 | 0.742857 |
| | 反应时/ms | 0.785371 | 0.787601 | 0.909121 | 0.790482 | 0.816108 | 0.862707 |
| 12 | 正确率 | 0.971429 | 0.800000 | 0.400000 | 0.828571 | 0.771429 | 0.714286 |
| | 反应时/ms | 0.950805 | 0.839511 | 0.948702 | 0.840868 | 0.822893 | 0.741157 |
| 13 | 正确率 | 0.857143 | 0.914286 | 0.285714 | 0.742857 | 0.885714 | 0.600000 |
| | 反应时/ms | 0.916729 | 0.990821 | 1.078320 | 0.842598 | 0.975954 | 0.859126 |

表 C.3　低负荷状态下被试主观评价数据统计

| 被试编号 | 脑力需求 | 体力需求 | 时间需求 | 努力程度 | 绩效水平 | 受挫程度 |
|---|---|---|---|---|---|---|
| 1 | 55 | 55 | 60 | 55 | 65 | 55 |
| 2 | 66 | 46 | 66 | 56 | 56 | 16 |
| 3 | 50 | 50 | 50 | 80 | 80 | 50 |
| 4 | 55 | 51 | 62 | 70 | 50 | 55 |
| 5 | 51 | 50 | 51 | 60 | 50 | 50 |

续表

| 被试编号 | 脑力需求 | 体力需求 | 时间需求 | 努力程度 | 绩效水平 | 受挫程度 |
|---|---|---|---|---|---|---|
| 6 | 55 | 55 | 50 | 61 | 55 | 55 |
| 7 | 50 | 50 | 50 | 50 | 50 | 50 |
| 8 | 55 | 50 | 55 | 55 | 50 | 55 |
| 9 | 50 | 55 | 50 | 55 | 50 | 50 |
| 10 | 60 | 60 | 60 | 65 | 50 | 50 |
| 11 | 65 | 65 | 65 | 65 | 65 | 65 |
| 12 | 55 | 65 | 65 | 55 | 55 | 55 |
| 13 | 65 | 50 | 65 | 65 | 50 | 50 |

表 C.4　高负荷状态下被试主观评价数据统计

| 被试编号 | 脑力需求 | 体力需求 | 时间需求 | 努力程度 | 绩效水平 | 受挫程度 |
|---|---|---|---|---|---|---|
| 1 | 70 | 67 | 70 | 72 | 67 | 68 |
| 2 | 86 | 66 | 66 | 76 | 56 | 66 |
| 3 | 70 | 70 | 70 | 80 | 70 | 60 |
| 4 | 70 | 60 | 65 | 70 | 65 | 70 |
| 5 | 62 | 52 | 50 | 63 | 50 | 53 |
| 6 | 61 | 65 | 65 | 71 | 69 | 61 |
| 7 | 60 | 60 | 60 | 60 | 60 | 60 |
| 8 | 65 | 50 | 60 | 65 | 65 | 65 |
| 9 | 65 | 55 | 75 | 59 | 54 | 57 |
| 10 | 70 | 65 | 70 | 72 | 58 | 68 |
| 11 | 70 | 70 | 70 | 70 | 70 | 70 |
| 12 | 65 | 65 | 75 | 65 | 65 | 65 |
| 13 | 70 | 50 | 70 | 50 | 50 | 50 |

表 C.5　对照负荷状态下被试生理数据统计

| 编号 | SDNN | P3a | 眨眼 | 21MMN |
|---|---|---|---|---|
| 1 | 69 | 2.020808 | 21 | −2.312724 |
| 2 | 53 | 1.537146 | 111 | −1.615901 |
| 3 | 60 | 18.903219 | 241 | −5.219082 |
| 4 | 66 | 6.555230 | 46 | −6.710907 |
| 5 | 53 | 5.527802 | 275 | −1.127662 |
| 6 | 41 | 3.413189 | 171 | −2.225376 |
| 7 | 71 | −0.140489 | 80 | −1.622186 |

续表

| 编号 | SDNN | P3a | 眨眼 | 21MMN |
|------|------|-----|------|-------|
| 8 | 33 | 2.610298 | 71 | −2.205328 |
| 9 | 94 | 6.411869 | 182 | −3.406101 |
| 10 | 63 | 0.166117 | 268 | −3.979510 |
| 11 | 60 | 2.049451 | 73 | 1.013205 |
| 12 | 53 | 1.281400 | 103 | −0.236981 |
| 13 | 43 | 5.129708 | 47 | 1.429229 |

**表 C.6　低负荷状态下被试生理数据统计**

| 被试编号 | SDNN | P3a | 眨眼 | 21MMN |
|----------|------|-----|------|-------|
| 1 | 71 | 1.315766 | 19 | −3.237476 |
| 2 | 49 | 3.322311 | 221 | −0.723391 |
| 3 | 59 | 1.911371 | 165 | −3.529133 |
| 4 | 75 | 2.793635 | 43 | −6.137803 |
| 5 | 35 | −1.385615 | 294 | −3.780268 |
| 6 | 33 | 0.552755 | 261 | −5.786430 |
| 7 | 42 | 0.963005 | 26 | −2.231064 |
| 8 | 37 | 1.829291 | 59 | −1.039497 |
| 9 | 59 | 2.691793 | 103 | −6.577547 |
| 10 | 54 | 3.190784 | 166 | −2.001204 |
| 11 | 44 | 1.989967 | 62 | 0.017098 |
| 12 | 43 | −1.147661 | 32 | −5.077600 |
| 13 | 39 | 3.797155 | 27 | 0.597212 |

**表 C.7　高负荷状态下被试生理数据统计**

| 被试编号 | SDNN | P3a | 眨眼 | 21MMN |
|----------|------|-----|------|-------|
| 1 | 65 | 1.399398 | 10 | −4.679891 |
| 2 | 53 | 2.879523 | 141 | −3.130578 |
| 3 | 35 | 0.022217 | 124 | −2.846212 |
| 4 | 46 | 1.887810 | 24 | −9.230214 |
| 5 | 25 | −0.646514 | 131 | −2.000689 |
| 6 | 37 | −1.027938 | 151 | −4.115034 |
| 7 | 31 | −0.936138 | 9 | −3.225145 |

续表

| 被试编号 | SDNN | P3a | 眨眼 | 21MMN |
|---|---|---|---|---|
| 8 | 31 | 1.377624 | 42 | −1.309977 |
| 9 | 41 | 2.697854 | 69 | −8.225340 |
| 10 | 48 | 0.983666 | 31 | −6.080407 |
| 11 | 40 | 1.673663 | 39 | −0.380857 |
| 12 | 33 | −5.424949 | 13 | −8.786634 |
| 13 | 45 | 0.566027 | 11 | −1.792842 |

# 附录 D  实验 4 原始数据

**表 D.1  单任务状态下主飞行绩效**

| 被试编号 | 绩效指标 | 空速 | 高度 | 俯仰角 |
|---|---|---|---|---|
| 1 | 正确率 | 0.942857 | 0.914286 | 1.000000 |
|   | 反应时/ms | 0.948551 | 0.864767 | 0.766193 |
| 2 | 正确率 | 1.000000 | 1.000000 | 1.000000 |
|   | 反应时/ms | 0.956063 | 0.986476 | 0.795219 |
| 3 | 正确率 | 1.000000 | 0.971429 | 0.971429 |
|   | 反应时/ms | 0.800838 | 0.853492 | 0.805844 |
| 4 | 正确率 | 1.000000 | 0.942857 | 1.000000 |
|   | 反应时/ms | 0.905551 | 0.979803 | 0.762702 |
| 5 | 正确率 | 1.000000 | 1.000000 | 0.942857 |
|   | 反应时/ms | 0.843644 | 0.918011 | 0.817055 |
| 6 | 正确率 | 0.971429 | 1.000000 | 0.942857 |
|   | 反应时/ms | 1.005410 | 0.782187 | 0.795973 |
| 7 | 正确率 | 1.000000 | 0.971429 | 0.942857 |
|   | 反应时/ms | 0.967845 | 0.982527 | 0.861148 |
| 8 | 正确率 | 0.971429 | 1.000000 | 1.000000 |
|   | 反应时/ms | 0.929941 | 0.911777 | 0.793088 |
| 9 | 正确率 | 1.000000 | 0.942857 | 1.000000 |
|   | 反应时/ms | 0.804774 | 0.819499 | 0.705071 |
| 10 | 正确率 | 1.000000 | 0.942857 | 0.971429 |
|    | 反应时/ms | 0.881346 | 0.839262 | 0.859449 |
| 11 | 正确率 | 0.971429 | 1.000000 | 0.971429 |
|    | 反应时/ms | 0.778222 | 0.794634 | 0.760117 |
| 12 | 正确率 | 1.000000 | 1.000000 | 0.914286 |
|    | 反应时/ms | 0.797274 | 0.862200 | 0.661659 |

续表

| 被试编号 | 绩效指标 | 空速 | 高度 | 俯仰角 |
|---|---|---|---|---|
| 13 | 正确率 | 1.000000 | 1.000000 | 0.971429 |
| | 反应时/ms | 0.829096 | 0.757249 | 0.694651 |
| 14 | 正确率 | 0.971429 | 1.000000 | 1.000000 |
| | 反应时/ms | 0.913148 | 0.835904 | 0.798707 |
| 15 | 正确率 | 1.000000 | 0.942857 | 0.971429 |
| | 反应时/ms | 0.855528 | 0.821402 | 0.811462 |

### 表 D.2　双任务状态下主飞行绩效

| 被试编号 | 绩效指标 | 空速 | 高度 | 俯仰角 |
|---|---|---|---|---|
| 1 | 正确率 | 0.542857 | 0.742857 | 0.771429 |
| | 反应时/ms | 1.226400 | 1.200480 | 1.112100 |
| 2 | 正确率 | 0.685714 | 0.771429 | 0.685714 |
| | 反应时/ms | 1.159170 | 1.015430 | 0.868213 |
| 3 | 正确率 | 0.628571 | 0.657143 | 0.800000 |
| | 反应时/ms | 1.256430 | 1.060200 | 0.939444 |
| 4 | 正确率 | 0.714286 | 0.857143 | 0.857143 |
| | 反应时/ms | 1.014970 | 1.070880 | 0.873230 |
| 5 | 正确率 | 1.000000 | 0.971429 | 0.971429 |
| | 反应时/ms | 1.050240 | 0.940217 | 0.952239 |
| 6 | 正确率 | 0.742857 | 0.714286 | 0.714286 |
| | 反应时/ms | 0.929778 | 0.958517 | 0.878748 |
| 7 | 正确率 | 0.628571 | 0.714286 | 0.771429 |
| | 反应时/ms | 0.973793 | 1.037490 | 1.074250 |
| 8 | 正确率 | 0.742857 | 0.800000 | 0.685714 |
| | 反应时/ms | 0.944831 | 1.115200 | 1.007430 |
| 9 | 正确率 | 0.885714 | 0.771429 | 0.942857 |
| | 反应时/ms | 0.835892 | 0.877769 | 0.802231 |
| 10 | 正确率 | 0.885714 | 0.885714 | 0.885714 |
| | 反应时/ms | 0.920922 | 0.998190 | 0.813191 |
| 11 | 正确率 | 0.914286 | 0.914286 | 0.800000 |
| | 反应时/ms | 0.856931 | 0.750273 | 0.781921 |

续表

| 被试编号 | 绩效指标 | 空速 | 高度 | 俯仰角 |
|---|---|---|---|---|
| 12 | 正确率 | 0.857143 | 0.971429 | 0.914286 |
| | 反应时/ms | 0.916642 | 0.830412 | 0.850590 |
| 13 | 正确率 | 0.742857 | 0.885714 | 0.857143 |
| | 反应时/ms | 1.134000 | 0.857734 | 0.932285 |
| 14 | 正确率 | 0.742857 | 0.885714 | 0.914286 |
| | 反应时/ms | 0.844258 | 0.938786 | 0.948283 |
| 15 | 正确率 | 0.714286 | 0.742857 | 0.657143 |
| | 反应时/ms | 1.033220 | 0.947227 | 0.900892 |

表 D.3  多任务状态下主飞行绩效

| 被试编号 | 绩效指标 | 空速 | 高度 | 俯仰角 |
|---|---|---|---|---|
| 1 | 正确率 | 0.828571 | 0.857143 | 0.885714 |
| | 反应时/ms | 1.175670 | 1.026120 | 1.072030 |
| 2 | 正确率 | 0.657143 | 0.885714 | 0.885714 |
| | 反应时/ms | 1.078720 | 1.127400 | 0.983683 |
| 3 | 正确率 | 0.800000 | 0.885714 | 0.800000 |
| | 反应时/ms | 1.014920 | 1.214960 | 1.038190 |
| 4 | 正确率 | 0.800000 | 0.771429 | 0.914286 |
| | 反应时/ms | 1.055150 | 0.954630 | 0.997114 |
| 5 | 正确率 | 0.942857 | 0.857143 | 0.971429 |
| | 反应时/ms | 1.042510 | 1.012930 | 0.918409 |
| 6 | 正确率 | 0.657143 | 0.914286 | 0.685714 |
| | 反应时/ms | 1.026340 | 1.086610 | 1.034520 |
| 7 | 正确率 | 0.657143 | 0.771429 | 0.685714 |
| | 反应时/ms | 1.028310 | 1.026860 | 0.964927 |
| 8 | 正确率 | 0.742857 | 0.885714 | 0.828571 |
| | 反应时/ms | 1.052610 | 1.048160 | 0.819216 |
| 9 | 正确率 | 0.857143 | 0.771429 | 0.857143 |
| | 反应时/ms | 0.940384 | 1.056900 | 0.966339 |

| 被试编号 | 绩效指标 | 空速 | 高度 | 俯仰角 |
|---|---|---|---|---|
| 10 | 正确率 | 0.942857 | 0.885714 | 0.857143 |
| | 反应时/ms | 1.092360 | 0.959074 | 0.846932 |
| 11 | 正确率 | 0.857143 | 0.971429 | 0.857143 |
| | 反应时/ms | 0.809516 | 0.874844 | 0.853936 |
| 12 | 正确率 | 1.000000 | 0.914286 | 0.885714 |
| | 反应时/ms | 1.027680 | 0.980647 | 0.804109 |
| 13 | 正确率 | 0.628571 | 0.714286 | 0.771429 |
| | 反应时/ms | 1.267680 | 0.965528 | 1.045940 |
| 14 | 正确率 | 0.600000 | 0.685714 | 0.857143 |
| | 反应时/ms | 1.064940 | 1.074800 | 0.982044 |
| 15 | 正确率 | 0.457143 | 0.685714 | 0.485714 |
| | 反应时/ms | 1.040630 | 1.070520 | 0.839220 |

表 D.4  单任务状态下被试主观评价数据统计

| 被试编号 | 脑力需求 | 体力需求 | 时间需求 | 努力程度 | 绩效水平 | 受挫程度 |
|---|---|---|---|---|---|---|
| 1 | 60 | 65 | 55 | 60 | 10 | 10 |
| 2 | 50 | 60 | 50 | 60 | 60 | 80 |
| 3 | 65 | 65 | 60 | 60 | 55 | 55 |
| 4 | 65 | 65 | 85 | 65 | 55 | 55 |
| 5 | 75 | 75 | 65 | 75 | 0 | 65 |
| 6 | 60 | 70 | 65 | 70 | 60 | 50 |
| 7 | 75 | 65 | 65 | 65 | 60 | 50 |
| 8 | 65 | 55 | 65 | 75 | 65 | 45 |
| 9 | 50 | 30 | 65 | 55 | 55 | 50 |
| 10 | 50 | 40 | 55 | 60 | 55 | 60 |
| 11 | 30 | 20 | 20 | 30 | 20 | 60 |
| 12 | 60 | 50 | 70 | 70 | 90 | 30 |
| 13 | 55 | 50 | 65 | 75 | 100 | 0 |
| 14 | 50 | 50 | 65 | 55 | 55 | 50 |
| 15 | 60 | 50 | 50 | 55 | 50 | 55 |

**表 D.5　双任务状态下被试主观评价数据统计**

| 被试编号 | 脑力需求 | 体力需求 | 时间需求 | 努力程度 | 绩效水平 | 受挫程度 |
|---|---|---|---|---|---|---|
| 1 | 65 | 65 | 60 | 65 | 50 | 50 |
| 2 | 80 | 70 | 65 | 76 | 55 | 60 |
| 3 | 70 | 65 | 70 | 70 | 66 | 66 |
| 4 | 75 | 75 | 65 | 65 | 55 | 75 |
| 5 | 85 | 85 | 85 | 85 | 65 | 65 |
| 6 | 80 | 75 | 65 | 75 | 65 | 65 |
| 7 | 90 | 85 | 90 | 90 | 75 | 80 |
| 8 | 75 | 75 | 75 | 75 | 65 | 65 |
| 9 | 75 | 55 | 70 | 75 | 75 | 65 |
| 10 | 60 | 60 | 70 | 70 | 60 | 60 |
| 11 | 80 | 60 | 75 | 78 | 50 | 50 |
| 12 | 95 | 60 | 90 | 80 | 60 | 70 |
| 13 | 75 | 50 | 75 | 85 | 55 | 55 |
| 14 | 75 | 65 | 75 | 75 | 65 | 65 |
| 15 | 60 | 60 | 60 | 55 | 55 | 60 |

**表 D.6　多任务状态下被试主观评价数据统计**

| 被试编号 | 脑力需求 | 体力需求 | 时间需求 | 努力程度 | 绩效水平 | 受挫程度 |
|---|---|---|---|---|---|---|
| 1 | 65 | 65 | 80 | 80 | 65 | 50 |
| 2 | 90 | 85 | 85 | 80 | 65 | 75 |
| 3 | 80 | 75 | 80 | 80 | 60 | 65 |
| 4 | 85 | 85 | 55 | 85 | 65 | 75 |
| 5 | 85 | 85 | 85 | 85 | 55 | 65 |
| 6 | 85 | 70 | 65 | 75 | 55 | 55 |
| 7 | 95 | 90 | 95 | 95 | 90 | 90 |
| 8 | 85 | 75 | 85 | 75 | 65 | 75 |
| 9 | 80 | 55 | 75 | 85 | 80 | 70 |
| 10 | 70 | 65 | 70 | 70 | 60 | 60 |
| 11 | 85 | 60 | 65 | 80 | 60 | 60 |
| 12 | 95 | 70 | 90 | 85 | 70 | 70 |
| 13 | 85 | 55 | 85 | 85 | 65 | 65 |
| 14 | 85 | 85 | 85 | 85 | 65 | 75 |
| 15 | 70 | 65 | 60 | 60 | 65 | 65 |

表 D.7　单任务状态下被试生理评价数据统计

| 被试编号 | SDNN | 眨眼 | 21MMN | 21P3 | 31MMN | 31P3 |
|---|---|---|---|---|---|---|
| 1 | 33 | 152 | −1.151660 | 1.751098 | −5.548660 | 4.214367 |
| 2 | 68 | 125 | −7.383510 | −2.374530 | −8.930740 | 0.065415 |
| 3 | 43 | 96 | −2.156950 | 6.608038 | −5.809740 | 5.266088 |
| 4 | 36 | 50 | −1.555200 | −0.330920 | −4.059810 | 4.974887 |
| 5 | 39 | 145 | −3.633010 | 1.371161 | −8.041600 | −0.640900 |
| 6 | 52 | 39 | −2.402550 | 3.191005 | −3.714830 | 0.598879 |
| 7 | 54 | 110 | −1.737350 | 2.955039 | −4.663790 | 4.835850 |
| 8 | 74 | 106 | −0.892130 | 4.269998 | −4.736650 | 4.253628 |
| 9 | 47 | 66 | −3.036630 | 2.043773 | −3.868250 | 5.594252 |
| 10 | 38 | 49 | 2.413392 | 12.027060 | −4.100650 | 1.066844 |
| 11 | 53 | 184 | −2.976650 | 2.381883 | −1.915610 | 2.989315 |
| 12 | 67 | 227 | −1.644950 | 1.153534 | −6.717560 | 6.136220 |
| 13 | 66 | 151 | 0.400402 | 1.122926 | −2.430270 | 8.851003 |
| 14 | 27 | 34 | −2.243690 | 3.900324 | −4.592980 | 0.411929 |
| 15 | 43 | 85 | −1.950810 | 1.098822 | −1.816760 | 5.946298 |

表 D.8　双任务状态下被试生理评价数据统计

| 被试编号 | SDNN | 眨眼 | 21MMN | 21P3 | 31MMN | 31P3 |
|---|---|---|---|---|---|---|
| 1 | 36 | 141 | 0.039667 | 9.358053 | −11.841100 | 0.847955 |
| 2 | 51 | 142 | −0.945950 | 5.798976 | −5.964440 | 3.372833 |
| 3 | 34 | 108 | −0.249540 | 8.735622 | −4.286530 | 8.465531 |
| 4 | 39 | 83 | −3.067430 | 1.645169 | −7.196030 | 7.005183 |
| 5 | 47 | 142 | −3.756380 | −2.928910 | 0.796314 | 5.579180 |
| 6 | 38 | 70 | −2.529740 | −0.599360 | −3.413940 | 2.539470 |
| 7 | 42 | 77 | −1.139090 | 6.030732 | 0.416768 | 8.011969 |
| 8 | 57 | 79 | −4.991810 | 1.877175 | 0.207613 | 7.955518 |
| 9 | 43 | 117 | −8.220020 | −6.611860 | −0.957180 | 5.685775 |
| 10 | 42 | 39 | −2.913730 | 3.274482 | −0.700300 | 6.058670 |
| 11 | 60 | 130 | −0.165080 | 5.912972 | −0.800170 | 5.475554 |
| 12 | 64 | 150 | −3.482070 | −2.554820 | −5.668100 | 6.378724 |
| 13 | 65 | 168 | 3.367643 | 4.768771 | 3.155119 | 10.316530 |
| 14 | 25 | 61 | −2.831820 | −0.673090 | −2.836830 | 1.689713 |
| 15 | 33 | 69 | −1.995930 | −1.975100 | −1.491430 | 3.607888 |

表 D.9  多任务状态下被试生理评价数据统计

| 被试编号 | SDNN | 眨眼 | 21MMN | 21P3 | 31MMN | 31P3 |
|---|---|---|---|---|---|---|
| 1 | 26 | 144 | −2.109240 | 3.030486 | −1.367670 | 8.878316 |
| 2 | 55 | 73 | −1.879880 | 2.304814 | 4.974528 | 4.974528 |
| 3 | 46 | 190 | 0.817057 | 6.494194 | 0.015909 | 14.67546 |
| 4 | 39 | 89 | −0.998730 | 5.372354 | −3.551150 | 5.037240 |
| 5 | 29 | 127 | −4.784820 | −4.039460 | −1.688500 | 2.482390 |
| 6 | 34 | 53 | 0.121778 | 4.284866 | −3.969540 | 2.797733 |
| 7 | 35 | 61 | −8.580230 | 0.003755 | −6.953380 | 3.793656 |
| 8 | 55 | 101 | −6.778360 | 0.817146 | −8.633950 | 2.708598 |
| 9 | 36 | 102 | −0.912320 | 6.130558 | −4.345240 | 9.802313 |
| 10 | 35 | 35 | −5.213670 | 3.812537 | −1.340130 | 7.501903 |
| 11 | 42 | 126 | −3.467530 | 1.439922 | 0.424734 | 9.740309 |
| 12 | 52 | 136 | 0.714898 | 4.289535 | −4.104690 | 8.260409 |
| 13 | 54 | 173 | 0.165862 | 5.561418 | −3.608920 | 9.059416 |
| 14 | 24 | 48 | −1.672490 | 4.233151 | −2.081000 | 9.813653 |
| 15 | 31 | 67 | −4.084180 | 2.595014 | −7.092150 | 2.764822 |